国家自然科学基金面上项目
"城市生态基础设施评估模型、管理模式与调控方法研究"（71273254）

Evaluation and Management of Urban
Ecological Infrastructure

城市生态基础设施评估与管理

李　锋等◎著

科学出版社

北　京

内 容 简 介

本书运用多学科综合方法进行研究，提出城市生态基础设施的科学内涵和类型划分、城市生态基础设施的管理与构建方法，以湿地、绿地和硬化地表的生态改造为重点内容，提出不同类型、不同尺度城市生态基础设施的系统评估与适应性生态管理方法和城市生态基础设施的通用管理模型，并以北京市和广州市为典型案例进行实证研究，最后提出城市生态基础设施的管理对策和适应性综合管理模式。

本书对城市生态、环境、经济、国土空间规划与修复等领域及相关专业的科研人员、管理人员、领导干部和高等院校师生等具有重要的参考价值。

图书在版编目（CIP）数据

城市生态基础设施评估与管理/李锋等著．—北京：科学出版社，2020.12

ISBN 978-7-03-067326-8

Ⅰ.① 城… Ⅱ.① 李… Ⅲ.① 城市环境 – 生态环境建设 – 研究 – 中国　Ⅳ.① X321.2

中国版本图书馆CIP数据核字（2020）第255971号

责任编辑：杨婵娟　李嘉佳 / 责任校对：贾伟娟
责任印制：师艳茹 / 封面设计：有道文化

科学出版社 出版

北京东黄城根北街16号
邮政编码：100717
http://www.sciencep.com

中国科学院印刷厂 印刷

科学出版社发行　各地新华书店经销

*

2020年12月第 一 版　开本：720×1000　B5
2020年12月第一次印刷　印张：12 3/4
字数：257 000

定价：98.00元
（如有印装质量问题，我社负责调换）

前　言

　　环境与发展是国际社会普遍关注的重大问题，生态安全已成为国家安全的重要组成部分。快速的城市化和强烈的人类活动正在改变我们赖以生存的地球环境。据联合国预测，到 2050 年，世界上将有 70% 的人口居住在城市。城市化促进了社会经济的高速发展，同时也带来了许多严重的生态环境问题，如资源短缺、生物多样性锐减、热岛效应、温室效应、大气污染、水体污染、噪声污染等，从而引起公共健康和社会经济等方面的问题。随着城市化进程的加速和城市环境问题的加剧，人们已越来越认识到城市生态基础设施对城市生态系统健康和可持续发展的重要性。

　　城市是以人类活动为中心的社会－经济－自然复合生态系统。生态基础设施是城市生态系统服务的载体。健康的城市生态基础设施为人类生产和生活提供了生态服务的物质工程设施和公共服务系统，保证了城市自然和人文生态功能的正常运行，是城市发展和生态安全保障的基本物质条件。然而，城市的急速扩展和人口增长显著地影响了城市生态基础设施，导致其结构破坏、功能退化、反馈失调，原来以植被为主的自然景观逐渐被众多的人工建筑景观所取代。沥青、混凝土等不透水地面的增加，导致城市绿地和湿地生态基础设施的斑块面积大幅减少，生境和生态廊道破碎化严重。近年来频发的城市水体和大气污染等问题使得越来越多的人认识到：城市除了需要市政设施外，还需要生态基础设施。在快速城市化的进程中，保障生态基础设施的结构完整性和功能完善性，对维持城市生态平衡和改善城市环境具有无可替代的作用，成为目前国内外学者关注的热点。

城市生态基础设施已成为衡量一个城市生态系统健康程度和可持续发展能力的重要指标，是我国生态文明建设的重要保障。与生态基础设施密切相关的城市热岛效应、灰霾效应、水体污染和城市内涝等问题已成为制约城市生态系统健康和可持续发展的主要瓶颈。然而，目前我国在城市生态基础设施的基础理论、技术体系与管理方法等方面还缺乏系统而深入的研究。因此，研究城市生态基础设施结构与功能的耦合关系、作用机制、评估和管理方法，对改善城市环境、提高城市生态系统服务和维护区域生态安全水平具有重要的理论意义和应用价值。

本书以城市生态系统服务为核心，主要运用生态系统服务综合估价和权衡得失工具（the integrated valuation of ecosystem services and tradeoffs tool，InVEST）、生态系统管理模型、遥感和地理信息系统（geographic information system，GIS）空间分析等多学科综合方法，辨识城市生态基础设施结构与功能的相互耦合机制，并提出城市湿地和绿地生态基础设施的系统评估模型、格局优化与适应性生态管理方法、城市地表硬化的复合生态效应评估与生态工程改造方法，以及基于生态系统服务的城市生态基础设施的系统调控对策和综合管理模式与方法，并在北京、广州等城市进行实证研究，为城市发展提供了有力的政策支持。

本书主要研究结果如下。

（1）提出不同类型城市绿地生态基础设施评估与管理方法，包括基于生态服务正负效应权衡分析的公园基础设施管理方法、基于居民访问行为的社区尺度公园基础设施管理方法，以及社区尺度城市公园基础设施公共健康服务评价方法，并在北京市进行了实证研究。研究发现，距离社区1000m范围内的

城市生态基础设施评估 与 管理

公园对居民访问行为影响较大，需要采取有效措施来缓解公园生态服务的负效应。建立了"生态基础设施文化服务功能供给-需求"的概念模型。

（2）建立了不同尺度城市湿地生态基础设施评估与管理方法。从区域、城区、社区不同空间尺度建立了"源-流-汇"的湿地基础设施的综合生态管理方法，并在北京妫水河流域和延庆区进行了实证研究，研究了妫水河流域1986～2011年生态系统服务的变化。1986～2011年，林地面积增加19.3%，草地面积减少10.8%，建设用地面积增加7.4%；景观破碎度增加，连通性减小；流域产水量总体呈现减少的趋势，总氮输出量总体增加4%；不同情景对流域水生态过程影响不同。

（3）提出了城市共轭生态规划、生态功能区划等生态基础设施规划和透水铺装、立体绿化及下沉式绿地等生态工程的设计、改造及生态物业管理等措施。针对不同尺度地表硬化的特征和改造目标，进行集生态规划设计、生态修复工程和生态系统管理为一体的地表硬化"预防—减缓—补偿"复合生态化改造，这对提高城市生态系统服务水平和人居环境质量具有重要意义。

（4）构建了城市生态基础设施通用管理模型，提出了生态基础设施的土地分类标准和生态基础设施评价体系及标准化模拟流程，以广州市增城区为案例进行实证研究。提出了城市生态基础设施的调控对策和适应性管理模式。

本书得到了国家自然科学基金面上项目"城市生态基础设施评估模型、管理模式与调控方法研究"（71273254）和广州、北京等多项城市生态规划研究项目的大力支持。

感谢刘红晓、高洁、赵丹、徐翀琦、张泽阳、陶宇、朱恒榛等项目组成员的积极参与和帮助。第1章主要撰写者为李锋和陶宇；第2章主要撰写者为李锋、徐翀琦和朱恒榛；第3章主要撰写者为李锋和刘红晓；第4章主要撰写者为李锋和高洁；第5章主要撰写者为李锋和赵丹；第6章主要撰写者为李锋和徐翀琦；第7章主要撰写者为李锋和张泽阳。感谢本书撰写过程中所引用参考文献的作者。

感谢国家自然科学基金委员会管理科学部对本项目的大力支持，特别感谢管理科学部副主任杨列勋研究员对本项目的大力支持与指导。

感谢清华大学建筑学院、中国科学院生态环境研究中心、广州市城市规划局（现为广州市规划和自然资源局）、广州市城市规划勘测设计研究院、广州市增城区城市规划局（现为广州市增城区国土资源和规划局）等单位的相关部门在项目研究期间给予的热情帮助与支持。

特别感谢清华大学建筑学院景观学系主任杨锐教授对我工作等方面的大力支持和帮助。

本书力求立足学科前沿，遵从理论、方法与实践并重的原则。但由于个人时间、精力和专业知识水平有限与受技术数据的限制，本书可能存在不足之处，衷心期望学术界、企业界、政府部门的前辈、专家、学者、领导以及关心本研究领域的同行们提出宝贵的批评意见和建议；同时，也殷切希望本书的出版能引起各界相关人士对城市生态基础设施、城乡生态修复与区域生态安全和健康研究的更多关注和兴趣。

李　锋

2020 年 7 月，清华园

城市生态基础设施评估与管理

目　录

城
市
生
态
基
础
设
施
评
估

与

管理

第 1 章
城市生态基础设施相关研究进展

1.1　城市生态基础设施的概念及服务功能

生态基础设施研究是一个应用实践与理论研究并重的领域，近几年不仅学术界出现了相关研究，城市规划实践中也体现了生态基础设施规划的内容。生态基础设施（ecological infrastructure，EI）一词最早见于联合国教育、科学及文化组织的"人与生物圈计划"（Man and Biosphere Programme，MAB）1984 年发布的生态城市规划报告中，报告提出了生态城市规划的五项原则：①生态保护战略；②生态基础设施；③居民生活标准；④文化历史的保护；⑤将自然引入城市。这里生态基础设施主要指自然景观和腹地对城市的持久支持能力。我国学者俞孔坚教授在论文《生物保护的景观生态安全格局》中第一次提出了生态基础设施的概念，认为景观中的各点对某种生态的重要性都不是一样的，其中有一些局部，点和空间关系对控制景观的生态过程起着关键性作用，这些景观局部，点及空间联系是现有的或潜在的生态基础设施（俞孔坚，1999），他认为城市生态基础设施是城市所依赖的自然系统，是城市及其居民持续获得自然生态服务的保障和基础，这些生态服务包括提供新鲜空气、食物、体育、休闲娱乐、安全庇护以及审美和教育等。它不仅包括传统的城市绿地系统的概念，还更广泛地包括一切能提供上述生态服务的城市绿地系统、林业及农业系统和自然保护地系统。

国内外学者们从与生态基础设施相关的栖息地网络、生态廊道、绿色通道、生境网络、环境廊道、生态网络、景观格局、生态结构等方面进行了研究。俞孔坚等（2007）在区域、城市和场地 3 个尺度上，提出了解决东营市生态环境问题的生态基础设施实施战略。Maruani 和 Amit-Cohen（2007）系统综述了城市开放空间规划的发展历程和模型，并将其从供给侧和需求侧两方面分成两大类 10 种类型。总体来说，这些规划模型考虑了以下几个方面：保护的优先权及生态系统完整性、稀缺性、多样性、脆弱性、特殊性、社会经济效益等。汪洋等（2007）讨论了生态基础设施元素的空间结构识别模型与空间信息提取方法。杜士强和于德永（2010）辨析了生态基础设施的概念和服务功能，提出需要保护的要素有：①敏感物种栖息地；②面积可达 100 hm^2，且未遭受破坏的湿地；③大中型林地（连续分布，面积可达 100 hm^2，并且周边具有 100 m 过渡带的林地）；④河流及其沿岸的湿地和林地（重要水生生物栖息地，本地鱼类、两栖类及爬行类动物集中分布的代表性栖息地，溯河性鱼类的重要产卵地）；⑤已有保护区。李锋等（2014）阐述了生态基础设施的概念、类型、

城市生态基础设施评估与管理

服务功能的评估方法，指出目前缺乏城市生态基础设施的基础理论、技术体系与管理方法的研究，现有研究多关注于某一种生态基础设施，缺乏对生态基础设施系统整合和评估方法的研究。

在国外的研究中，绿色基础设施（green infrastructure，GI）和开放空间的概念比生态基础设施的概念要普遍。研究主要聚焦在以下几个方面：①不同尺度生态基础设施的规划方法；②生态基础设施的社会、经济、自然服务功能评价，生态基础设施在应对特定社会、环境问题（全球变化、生物多样性丧失、热岛效应等）中的作用；③场地尺度的生态基础设施（屋顶绿化、人工湿地、都市农业等）复合生态效应评价；④环境公平与公众参与。Benedict 和Mcmahon（2002）认为绿色基础设施是具有内部连接性的自然区域及开放空间的网络，包含可能附带的工程设施，这一网络具有自然生态体系功能和价值，为人类和野生动物提供自然场所，如栖息地、净水源、迁徙通道，它们总体构成保证环境、社会与经济可持续发展的生态框架。Tzoulas 等（2007）认为生态敏感区和具有生态保护目标的林地、农田、生态旅游区、文化遗产区域等都是绿色基础设施重要的组成部分，可以维护生态过程的连续性、生态系统的完整性，是维持自然生命过程必须具备的"基础设施"，不是一种可有可无的绿色空间。Pandit 等（2017）提出了"基础设施生态学"的概念，将生态基础设施与自然生态系统类比，指出生态基础设施内部组分相互联系，具有复杂性和适应性。生态基础设施内部、生态基础设施系统与社会经济系统之间进行物质交换和能量流动。其还提出了基础设施生态学引导城市可持续发展的 12 项原则，探讨了影响生态基础设施的社会经济要素。

本书认为城市生态基础设施是指为人类生产和生活提供生态服务的自然与人工设施，以及保证自然和人文生态功能正常运行的公共服务系统，它是社会赖以生存和发展的基本物质条件，具有重要的生态系统服务功能，是城市及其居民持续获得生态系统服务的保障。它是具有净化、绿化、活化、美化综合功能的湿地（"肾"），绿地（"肺"），地表和建筑物表层（"皮"），废弃物排放、处置、调节和缓冲带（"口"），以及城市的山形水系、生态交通网络（"脉"）等在生态系统尺度的整合。提高生态基础设施，强化土地、水文、大气、生物、矿物五大生态要素的支撑能力，维持湿地和绿地生态系统结构和功能的完整性及生态系统服务能力，是城市可持续发展的重要基础，也是建设生态城市的重要保证（李锋等，2014）。不同类型城市生态基础设施的服务功能如表 1-1 所示。城市生态基础设施是一个复杂的网络系统，内涵丰富，但由于研究重点和篇幅所限，本书主要聚焦绿地和湿地生

3

态系统以及硬化地表的生态改造等方面。

表1-1 城市 生态基础设施的服务功能

类型	生态系统服务	功能特征	存在问题
湿地、森林公园、自然保护区、生态缓冲带	调节气候、维持生物多样性和景观完整性、提供娱乐文化	缓解热岛效应、维持生物多样性、涵养水源、控制城市无序膨胀	城市开发使湿地面积锐减,废水无节制排放破坏湿地生态系统净化能力,城市建设用地侵占损害其连续性,从而使生物栖息地受到威胁
河流、湖泊、交通绿化带、园林绿地、公园	改善环境质量	降低噪声、减少悬浮颗粒物、净化水质	长期人工经营,自我演替能力弱,植被生物多样性水平低,需要长期损耗维护费用,河流、湖泊等湿地受到不同程度的污染,功能减弱
小游园、街心绿地、居民区绿地、单位绿地	维持社会稳定和谐	提供日常休闲游憩的场所,缓解疲劳、减轻压力,提供交流机会维持并促进社会完整性	长期人工经营,自我演替能力弱,植被生物多样性水平低,需要长期损耗维护费用
农田	生产原材料、生态缓冲和娱乐文化	生产粮食,与森林公园、自然保护区一起作为城市郊区的绿色开敞空间的一部分,对城市的生态环境进行调节和缓冲,为城市居民提供接触自然、体验农业以及观光休闲的场所,促进城乡生态文化的交流	建设用地侵占,且其生态系统服务被人忽视,现代农业多功能经营方式没有普及

1.2　生态基础设施研究的主要理论基础

1.2.1　复合生态系统理论

马世骏和王如松(1984)提出了社会-经济-自然复合生态系统的理论。该理论认为:当代若干问题,都直接或间接关系到社会体制、经济发展状况以及人类赖以生存的自然环境;社会、经济和自然是单个不同性质的系统,但其各自的生存和发展都受到其他系统结构、功能的制约,必须当成复合生态系统来考虑。复合生态系统理论是基于整体、协调、循环、自生的生态控制论原理的系统生态认知方法,该理论提出了社会-经济-自然复合生态系统的时(时间)、空(空间)、量(数量)、构(结构)、序(竞争、共生与自生)的生态关联及调控方法。

1.2.2　生态系统服务理论

生态系统服务是指生态系统能够提供给人类一切物质来源及精神生活的

功能服务（Constanza et al., 1997）。21 世纪以来，世界人口的快速增长、经济活动的迅速发展以及城市的不断扩张，对生态系统造成极大的干扰，部分地区生态系统服务功能显著降低，对区域生态安全造成极大的影响。因此对生态系统服务功能的研究已经成为当今生态环境领域的研究热点（李文华，2008）。生态系统服务的研究方向从单一的生态系统服务价值评估发展到生态结构、过程、功能的机理探究和生态系统的科学管理。生态系统服务理论已经广泛地应用到土地利用规划与管理、生态系统管理当中。

1.2.3　生态基础设施理论

生态基础设施理论是继生态网络、绿色基础设施之后一个新的概念，学界并没有明确的界定，有些学者对绿色基础设施和生态基础设施的概念理解非常相似。随着生态基础设施在理论和实践层面不断发展，人们赋予其新的内涵。例如，在景观生态学中，景观结构与生态系统过程、生态系统功能以及生态系统服务的定量化模型的提出，支撑、发展了生态基础设施概念。在各国城市可持续发展实践过程中，各种创新的规划、工程实践也拓展了生态基础设施的内涵，如绿色建筑、透水铺装、灰色基础设施生态化、污水和垃圾处理工程等。

1.3　相关概念辨析

1.3.1　生态网络

"生态网络"是欧洲常用的概念，最早出现在生物保护领域。初期，人们依靠自然保护区和国家公园保护生物，后来人们逐渐认识到单靠这些区域难以彻底达到生态保护的目的。景观生态学为生物保护提供了新思路，认为自然景观是动态系统，而栖息地日益破碎化，栖息地之间缺乏廊道连接，逐渐威胁到生态系统之间的交流，威胁生物多样性，导致生态系统失去平衡。人类逐渐意识到增加景观的连接度对生态保护的重要性。所以，生态网络可理解成自然保护区和之间的连接景观所组成的系统，对非连接的保护区来说，生态网络可以保障健康和可持续的生态系统环境（孙逊，2014）。

1.3.2　绿道网络

"绿道网络"一词源于北美，美国户外运动主任委员会报告认为绿道网络是连接居住地和休闲空间的路径，并将景观中的城市与乡村连接起来。关于绿道较全的一组定义是 1990 年 Charles Little 在《美国绿道》(*Greenway for American*) 一书中提出的：①一条沿着自然廊道，诸如河岸、河谷、山脊，或者已经转变为其他用途的铁路、运河和其他路线，而建立的线性开放空间；②任何自然的或美化过的自行车道或人行道；③连接公园、自然保护区、文化特征或者历史遗迹场所及将它们与人口居住区相连接的开放空间连接体；④从局部来说，绿道是被设计成林荫大道或者绿带的某种带状或线性公园。

1.3.3　绿色基础设施

基础设施是指为社会生产和居民生活提供公共服务的物质工程设施，是保证国家或地区社会经济活动正常进行的公共服务系统。市政基础设施因为表面硬化被称为灰色基础设施，虽然是人类社会必不可少的一部分，但是灰色基础设施缺乏适应性、灵活性和弹性，无法应对暴雨、洪水等自然变化（孙逊，2014）。1999 年美国保护基金会（Conservation Fund）与农业部联合组建了由政府机构和非政府组织组成的"GI 工作小组"（Green Infrastructure Work Group），其将绿色基础设施定义为"国家的自然生命支持系统——一个由水道、湿地、森林、野生动物栖息地和其他自然区域，绿道、公园和其他保护区域，农场、牧场、森林、荒野和其他维持原生物种、自然生态过程和保护空气和水资源以及提高美国社区和人民生活质量的开敞空间所组成的相互连接的网络"。2001 年，马里兰州绿图计划（Maryland's Green Print Program），发展了功能健全的庞大绿色基础设施系统，并于 2005 年形成了相应的绿色基础设施评价体系。

随后，绿色基础设施传到西欧并得到进一步延伸，2005 年英国的简·赫顿联合会(Jane Heaton Associates) 在其文章《可持续社区绿色基础设施》(*Green Infrastructure for Sustainable Communities*) 中指出："GI 是一个多功能的绿色空间网络，包括公园、花园、林地、绿色通道、水体、行道树和开放的乡村，对于现有及将来的可持续社区的高质量自然环境和已建环境有一定贡献。"2006年，英国西北绿色基础设施小组（The North West Green Infrastructure Think-Tank）提出 GI 是一种由自然环境和绿色空间组成的系统，具有类型学、功能性、脉络、尺度与连通性五大特征，并指出了绿色基础设施的规划程序。与美国不同，西欧的绿色基础设施更侧重于城市内外绿色空间的质量，维持生物多样性、野生动物栖息地之间的联系等方面的意义。然而，绿色基础设施更多强调绿地、湿地等生态斑块与生态廊道的结合和网络化，缺乏绿色空间网络与城市市政基础设施以及城市规划建设的耦合。

1.3.4 基础设施生态化

基础设施生态化是为生活、生产提供服务的各种基础设施向生态型不断发展和完善的过程，包括工程性基础设施及社会性基础设施。基础设施生态化是以可持续发展为目标，以生态学为基础，以人与自然的和谐为核心，以现代技术和生态技术为手段，最高效、最少量地使用资源和能源，最大可能地减少对环境的冲击，以营造和谐、健康、舒适的人居环境为目标。基础设施生态化的理念包括：①共生性，基础设施要融入当地的共生环境；②网络性，基础设施要形成网络，增加组分连接性；③可成长性，要使基础设施具有成长性，可随着人居环境的发展而自然延伸和衍生；④生物性，注重基础设施的生态系统服务和自我维持功能；⑤安全性，要对基础设施采取确保安全的措施，包含生态安全和其他方面的安全（顾斌等，2006）。

1.3.5 生态基础设施

如前所述，生态基础设施是一个从区域角度出发的系统化网络，是所有能为城市可持续发展服务的基础性设施，包括公园、自然保护区、农业用地、生态廊道等自然基础设施，以及生态化的人工基础设施，如道路绿化、绿色街道、绿色屋顶等。与灰色基础设施和绿色基础设施相比，生态基础设施具有成本低、多功能、系统性、整合性、稳定性、生态系统循环和自我调节的特征（图 1-1）。

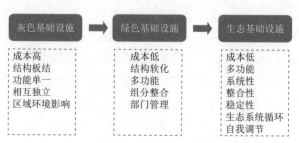

图 1-1 生态基础设施与灰色、绿色基础设施的对比

1.4 城市生态基础设施服务功能研究现状

1.4.1 城市绿地生态基础设施及其服务功能

1.4.1.1 城市绿地生态基础设施的服务功能

绿地作为城市的"肺"，是城市生态基础设施中不可或缺的重要组成部分，具有改善城市空气质量、调节小气候、美化城市景观等多种生态系统服务功能。随着城市化进程的加速和城市环境问题的加剧，人们越来越认识到城市绿地生态系统服务的重要性，在城市绿化建设中不仅关心绿地美化、观赏、休憩等功能，更加注重绿地生态功能，城市绿地已成为衡量城市生态可持续的重要标准。在国内外城市规划和城市生态研究中，关于绿地最常见的 4 个专业术语就是城市绿地、城市绿色空间、城市开敞空间和城市绿地系统。在城市绿地生态系统概念及分类方面，虽然不同行业和学科有不同的认识，但随着人们对城市绿地生态系统服务认识的不断深化，城市绿地的概念也在发展变化。目前，人们对城市绿地生态基础设施的内涵有了更全面的认识，即城市绿地生态基础设施不同于传统的园林绿地概念，它是包括城市园林、城市森林、都市农业和滨水绿地以及立体空间绿化在内的绿色网络系统。城市绿地生态基础设施是以植被为主体，以土壤为基质，以自然和人为因素干扰为特征，在生物和非生物因子协同作用下所形成的有序整体。其结构包括乔木、灌木、草本植物、动物、微生物以及土壤、水文、微气候等物理环境。

城市绿地生态基础设施的服务功能是指绿地系统为维持城市人类活动和居民身心健康提供物态和心态产品、环境资源和生态公益的能力。它在一定的时空范围内为人类社会提供的产出构成生态服务功效，主要包括以下 9 方面。①净化环境。净化空气、水体、土壤，固碳释氧，杀死细菌，阻滞尘土，降低噪声等。②调节小气候。调节空气的温度和湿度，改变风速风向。③涵养水源。雨水渗透、保持水土等。④土壤活化和养分循环。⑤维持生物多样性。⑥景观功能。组织城市的空间格局。⑦休闲、文化和教育功能。⑧社会功能。维护人们的身心健康，加强人们的沟通，稳定人际关系。⑨防护和减灾功能。抵御大风、地震等自然灾害。城市绿地生态基础设施服务功能的强弱取决于绿地的数量、组成结构、镶嵌格局、分布特征、与周边人工景观的联系以及管理水平等。

城市生态基础设施评估与管理

1.4.1.2　城市化对绿地生态基础设施及其服务功能的影响

随着我国城市化进程的加快，城市规模在不断扩大。城市中大量高楼大厦的拔地而起与建筑密度的不断增大使得城市绿地和建筑物的竞争异常激烈，城市绿地面积大为减少。城市森林作为城市生态系统中具有自净功能的重要组分受到了城市化的强烈干扰，以森林为主的自然生态系统不断被侵占和蚕食，不仅表现为景观水平上的生境破碎化，更重要的是明显反映在小尺度的物种组成结构上，生态系统面临功能退化、生物多样性丧失的危险。现在发展中国家的城市化速度加快，城市数量的增加和城市的外延式发展造成了大量的土地资源，尤其是耕地资源被征用，导致林地、农地面积减少，农产品减产。

目前城市绿地生态基础设施普遍存在以下问题：①面积不断减少；②市内和郊区分布极不均匀；③结构层次单一，多样性差；④生态系统服务无法满足人们的需求。城市绿地系统是城市生态系统中非常重要的生态基础设施，是维护和恢复城市生态环境及提高景观活力的最有效措施，快速城市化对城市绿地生态系统的影响已受到社会的普遍关注，迫切需要人们对城市生态基础设施进行科学的评估和管理。

1.4.2　城市湿地生态基础设施及其服务功能

1.4.2.1　湿地生态基础设施的服务功能

湿地被喻为"地球之肾"，是城市生态基础设施的重要组成部分，不但具有丰富的资源，还具有重要的生态系统服务功能，如调节水温和径流，防止或减缓洪、涝、渍、旱和改善环境，调节水量在时间、空间上的不均匀分布；为工农业和生活用水提供水源；接纳排水，并通过水体自净与净化，促进营养盐和有机质的流动和循环；供养生物、活化生境、繁衍水生动植物，保障生物质的生产，维护生物多样性；调节气候，特别是小气候；沟通航运，水力发电；缓冲干扰，吸尘、减噪，防止或减少热岛效应；美化景观和净化环境；为居民提供教育、美学、艺术、陶冶情操、游憩及休闲娱乐；保障水及其中的一些物质的迁移、转化和循环，维持水生生态系统的健康发展。

1.4.2.2　城市化对湿地生态基础设施及其服务功能的影响

城市化水平的不断提高，带来了人口的急剧增加和聚集、工业化及经济发展、城市规模不断增大，这些都对城市湿地及水生态环境产生了巨大的影响，导致湿地的萎缩以及功能的丧失。城市化带来的植被减少、不透水面积增加、温室气体的排放、水域面积减少、污水的任意排放和水资源的不合理利用等问题导致自然水循环生态系统遭到破坏，水资源呈现总量上的缺乏与质量上的退化甚至恶化，水环境承载能力超过其自身的极限，水环境结构被破坏，水的时空分布、水分循环及水的理化性质发生改变，水生生态系统服务丧失。根据《2018 中国生态环境状况公报》，"长江、黄河、珠江、松花江、淮河、海河、辽河七大流域和浙闽片河流、西北诸河、西南诸河监测的 1613 个水质断面中，Ⅰ 类占 5.0%，Ⅱ 类占 43.0%，Ⅲ 类占 26.3%，Ⅳ 类占 14.4%，Ⅴ 类占 4.5%，劣 Ⅴ 类占 6.9%。"

与此同时，国内外一些学者开始对如何保护湿地水体等自然景观进行积极研究，并开展了一些运动。1997 年，美国马里兰州发起了名为"精明增长与邻里保护"（Smart Growth and Neighborhood Conservation）的行动，目的在于通过保护湿地水体、农田、森林等自然开放空间来恢复社区活力，其中的措施包括为社区居民兴建必要的公共设施，如开放空间、道路等，同时禁止城市建设对一些特定区域的侵占，如大型流域湖泊、农田等。Weber 等（2006）对美国马里兰州的绿色基础设施进行了评价，通过分析网络中心和连接廊道在地形区域内的各种生态参数和发展过程中的风险因素，测定区域内的生态价值和脆弱性等级，提出湿地水体等的保护优先次序及保护目标。

可见，合理规划城市湿地生态系统，恢复城市湿地，有机地将湿地水景、湿地动植物景观、湿地小气候、湿地文化等与城市功能融为一体将会大大改善城市环境，提高城市环境容量与生态安全水平，充分发挥湿地作为城市生态基础设施的重要生态系统服务功能。

1.4.3　城市地表硬化的生态化改造

城市地表硬化是城市发展和扩张的重要特征之一，也是人类对城市生态基础设施干扰和破坏的集中表现。城市以水泥、沥青、混凝土等为主的硬化铺装，其大多数为不透水层，严重阻碍土壤和大气之间的物质和能量的交换，改变了能量平衡、水分利用、养分循环、气体交换等典型的生态过程，进而对城市生态系统服务和人居环境造成不同程度的影响。

1.4.3.1　城市地表硬化的复合生态效应

城市建设过程中大量采用水泥、柏油、混凝土等材质覆盖土壤表面，形成封闭地表，在造成大片田野、耕地、水域等自然生态基础设施消失的同时，也使得我们生存依赖的大地环境彻底"硬化"，从而堵塞了大地的"呼吸"，割裂了人与自然的直接联系，给城市生态环境带来了显著的不利影响，具体表现在以下几个方面。

（1）城市水分失衡和内涝。不透水的硬化覆盖使土地失去蓄水功能，下渗能力降低，而洪峰流量显著增加，不仅造成极大的水资源浪费，而且还使城市地面形成有雨就涝、无雨就旱的恶性循环。同时，暴雨条件下地表径流的加剧将增加城市排水的压力，加剧洪涝灾害，阻断雨水对地下水的补充。

（2）城市热岛和干岛效应。城市硬化面积的不断扩大，使得下垫面粗糙度增大，反射率减小，地面长波辐射损失减少，致使在同样天气条件下地面吸收和储存更多的太阳辐射，从而改变了城市下垫面的热力属性，这是引发城市热岛效应的重要原因之一。另外，城市自然蒸发、蒸腾量比郊区少，空气含水汽量少，近地面有限的水汽通过湍流不断上传扩散，使城区的绝对湿度比郊区小，形成"城市干岛"。

（3）灰霾效应和噪声污染。随着硬化地表面积的不断扩张，城市植被覆盖率逐渐降低，加之城市热岛效应的加重，悬浮颗粒物沉降难，空气质量难以改善。同时，硬化了的地表会反射噪声，进而加重城市的噪声污染。

（4）城市水体的污染加重。城市的硬质下垫面占大多数，径流系数较大，形成径流的时间短，地下入渗量少，对污染物的冲刷强烈。城市暴雨径流冲刷屋面建筑材料、建筑工地、路面垃圾和城区雨水口的垃圾和污水、汽车产生的污染物、大气干湿沉降物等，将这些污染物快速地带入城市河道，造成水体污染和水环境恶化。

（5）影响土壤质量和生境。城市硬化的地面，阻断了地下与地面以上空气的交流，使水、肥、气、热等条件不能满足植物的正常生长与发育，直接影响城市植被的健康。硬化后的地面还会减少土地中动物和微生物生存的机会，从而毁灭地表生态、减少地面土层有机质的补充、加重城市土地的退化，进而降低土壤功能，影响生物的生境。

（6）改变生物地球化学循环。城市土地利用的变化，特别是地表硬化及各种生产活动对生态系统生物化学循环，尤其是温室效应、水体富营养化等生态环境问题有着显著的影响。城市暴雨径流污染和面源污染已成为当今世界上主要的污染问题。然而生物地球化学循环又是一个连锁反应的过程，因此，地表硬化对其中某一环节或转化过程的影响，将导致整个循环的失衡和改变。

1.4.3.2　城市地表硬化的生态效应评估

（1）城市不透水面的提取。城市硬化地表指数（impervious surface index，ISI）是指单位面积硬化地表的比例。ISI一般通过以下方法提取：①对航片或者高分辨率的卫片目视解译，该方法精度很高，但需要投入巨大的人力、物力，成本高；②直接从现有的土地利用/覆盖图转化，该方法便捷快速，但依赖于研究区是否有土地利用/覆盖数据，而且其空间分辨率受限于原数据精度；③均一像元估测，利用计算机自动分类获取，该方法假设像元完全被一种地物类型所覆盖，忽视像元内部的异质性；④混合像元估测，即通常所说的亚象元分类法。

（2）城市地表硬化生态效应的评估方法。目前对于城市地表硬化的生态效应的研究主要集中于城市地表硬化对城市热岛效应和城市洪峰径流的影响，对硬化下土壤质量、碳氮循环及微生物性质的研究鲜见报道。在城市不透水面引起城市雨洪效应方面，应用的模型主要包括：美国国家环境保护局的暴雨雨水管理模型（storm water management model，SWMM），美国陆军工程兵团的蓄水、处理与溢流模型（storage，treatment，overflow，runoff model，STORM），水文模拟模型（hydrologic simulation program，HSP）等。在城市不透水面与热岛效应的研究方面，则主要通过遥感数据定量分析城市不透水面与城市热岛之间的关系。对于城市地表硬化对土壤质量及碳氮循环的研究，主要采用实地采样测定的方法。

1.5　生态基础设施结构与功能评估方法

1.5.1　生态系统服务

生态系统服务研究是当今自然与城市生态系统研究的热点之一。生态系统服务可以定义为"自然生态系统及其构成物种支持和实现人类生命活动的条件和过程"，它表现为一些物质能量流和信息流，这些流来源于自然资本储量同人造资本和人类资本服务的结合，从而产生人类福利。Daily（1997）根据现已掌握的研究材料对生态系统服务的内涵进行了归纳，总结出如下几个方面：生态系统产品的产出、生物多样性的发生和维持、气候和生命的维护、洪水和干旱的减缓、生物地化循环、生物生长所需各种养分的供给、生物传粉、自然害虫控制、种子传播或散布以及对人的美学和精神调节作用。Constanza 等（1997）在 *Nature* 杂志上发表了有关全球生态系统服务价值的估计，他们将生态服务功能分为气体调节、气候调节、扰动调节、水调节、水供给、控制侵蚀和保持沉积物、土壤形成、养分循环、废物处理、传粉、生物控制、避难所、食物生产、原材料、基因资源、休闲、文化 17 个类型，并估计出每年全球生态服务功能价值的下限约为 33 万亿美元，说明自然生态系统为人类提供了巨大的生态系统服务，而目前快速城市化和不科学、不合理的管理方法造成了自然生态系统服务的明显退化和降低。因此，需要将生态系统服务理论与方法应用于人类的决策管理之中，特别是在人类活动密集的城市区域。

1.5.2　生态基础设施景观结构评估方法和模型

分析生态基础设施的空间结构差异对于评估生态系统服务具有重要意义。城市生态服务与机理的研究需要一些新的方法来定量景观空间格局，以比较不同景观、分辨具有特殊意义的景观结构差异、确定格局和功能过程的相互关系等。景观格局数量研究方法分三类：①用于景观组分特征分析的景观空间格局指数，如斑块面积、斑块数、单位周长的斑块数、边界密度等；②用于景观整体分析的空间格局模型分析，如空间自相关分析和一些统计学方法；③用于模拟景观格局动态变化的景观模拟模型，如 CITYgreen 模型、地理加权回归模型、次序 Logit 回归模型、逻辑斯谛回归模型等。而最小累积阻力模型（minimal cumulative resistance）被认为是景观水平上进行景观连接度评价最好的工具之一。它通过单元最小累积阻力的大小可判断该单元与源单元的"连通性"和"相似性"，通常"源斑块"对于生态过程是最适宜的，近年该模型已经应用到城市生态安全格局、城市生态规划及城市适宜生态用地的评价与核算中。

1.5.3　生态基础设施服务功能评估方法和模型

针对生态基础设施及其服务功能的类型和特点，学者们采用了不同服务功能价值的评估方法，总体可分为物质量和价值量两种评估方法。其中，物质量方法能够比较客观地评估不同的生态系统所提供的同一项服务能力的大小，但是各种服务功能难以统一用一个综合指标来表示，而价值量方法对给世人敲响警钟是非常有效的，但是估算出的价值因为估算方法本身在理论上还有待完善，而且结果存在主观性与随机性，所以不是非常准确，但其有利于决策者进行评价和判断。常见的价值量评估方法有：费用支出法、市场价值法、机会成本法、影子工程法、恢复与保护费用法、旅行费用法、享乐价格法等。目前，国内外学者们应用了更多的模型和方法用于生态系统服务的评估，如美国斯坦福大学自然资本（Natural Capital）项目组开发的 InVEST 软件，把握了较好的总体格局，并用可视化表达直观地体现了人类活动对生境的威胁程度和影响范围；生态足迹模型客观反映人类对自然生态系统（生态基础设施）的需求与供给之间的矛盾，指示自然资源的压力状态；生态风险价值（ecological value at risk，EVR）模型将生态系统服务价值的定量化与生态风险分析的数学模型相结合，可以进行基于生态系统服务价值的生态风险分析研究。

总体而言，国外已发展了一些关于生态系统服务及价值评估方法，目前，国内多数相关研究仅限于对某区域的生态系统服务的概述式评估，多数套用现成公式计算服务功能，少数以地理信息系统为技术支撑对区域生态系统服务进行了定量评估，如索安宁等（2009）基于遥感技术对辽河三角洲生态系统服务进行评估研究。可见新技术与方法正逐渐被用于区域生态系统服务评估，评估越来越定量化、精细化、模型化，并且将服务功能评估与决策相结合已成为生态系统服务的总体发展方向。准确、有效地定量评估城市生态基础设施的生态系统服务价值，有利于规划者和政府对湿地和绿地生态效益的经济价值有更直观的、新的认识和了解，为其提供一些辅助决策的参考信息，这些评估方法成为当地城市及区域规划部门的重要决策工具。

1.6　综合评述与研究展望

城市生态基础设施是社会赖以生存发展的基本物质条件，具有重要的生态系统服务功能，是城市及其居民持续获得服务功能的保障。在快速城市化的进程中，保障生态基础设施的结构完整和功能健康迫在眉睫。湿地（"肾"）和绿地（"肺"）生态系统是城市重要的生态基础设施，能促进城市居民身心健康和社会经济的发展，为人类社会提供重要的生态系统服务，如净化环境、涵养水源、保持水土、调节气候、固碳释氧、维持生物多样性等，是城市生态系统健康、可持续发展的重要保障。然而，城市化带来的植被减少、水域面积减少、不透水面积增加、温室气体的排放、污水的任意排放和不合理用水等导致城市生态基础设施的结构和功能遭到破坏，生态系统服务水平显著下降，直接影响着城市生态环境和人居生活品质。

目前国内外关于城市生态基础设施及其服务功能已有一些研究，但还不成体系，仍存在一些问题和不足。

（1）在研究内容上，我国缺乏城市生态基础设施的基础理论、技术体系与管理方法，对城市生态基础设施结构与功能的生态耦合关系以及调控机理尚不明确，缺乏对其综合的功能评估模型和格局优化方法。

（2）在研究角度上，目前国内外大多学者只关注生态基础设施中湿地或绿地某一方面的内容，重数量轻质量，同时缺乏对城市地表硬化的复合生态效应研究，缺乏整体性和系统性的综合考虑以及城市生态基础设施的综合管理模式与系统调控方法研究。

（3）在研究方法方面，大多停留在概念与定性分析阶段，定量的研究较少。对生态基础设施服务功能的评估，国内外大多数学者往往直接套用生态服务价值系数来分析不同用地类型的生态系统服务，由于研究不够深入、方法不统一导致结果有差异，同时缺乏可视化、直观化的模型，对 InVEST 等模型应用较少，特别缺乏在城市生态管理领域的应用。

（4）在评价指标体系方面，针对城市湿地及绿地生态基础设施的服务功能，在不同时间及空间尺度上仍未建立全面、系统的评价指标体系。

因此，研究城市生态基础设施的服务功能评估模型、网络格局优化方法以及综合管理模式，并进行系统调控，对于改善城市环境、提高城市生态系统服务质量和维护城市生态安全具有重要的理论意义和应用价值，可为城市生态基础设施的结构优化、功能强化与生态管理提供科学方法和依据。

基于以上综合分析提出今后的研究展望。

（1）加强对于城市生态基础设施服务功能的定量研究，在此基础上建立不同时间及空间尺度上全面、系统的评价指标体系，准确、有效地定量评估城市生态基础设施的生态系统服务价值，供城市决策管理者参考。

（2）加强城市基础设施功能评估模型方面的研究。大力推广 InVEST 等生态系统服务评估模型在国内的应用，并且结合实际情况对模型进行改进，加强模型在城市生态管理领域的应用。

（3）注重不同学科之间的交叉与应用。生态基础设施及其服务功能的研究涉及生态学、社会学、经济学等多个学科，结合多学科的研究方法有助于从多个角度对生态基础设施进行深入探讨及综合管理，建立系统的调控方法。

（4）必须重视城市生态基础设施的整体性与系统性，加强对城市生态基础设施结构与功能的生态耦合关系的研究。应当将湿地（"肾"），绿地（"肺"），地表和建筑物表层（"皮"），废弃物排放、处置、调节和缓冲带（"口"），以及城市的山形水系生态交通网络（"脉"）五大要素整合为一体，将城镇与乡村基础设施整合，同时注重不同空间尺度生态系统服务的差别与衔接，从而形成一个健康高效的生态网络。

（5）必须整合城市生态基础设施与市政基础设施网络。在未来应将生态与市政基础设施有机地结合起来，即把城市湿地、绿地、活化地表、生态廊道与城市给排水系统、道路、交通以及各种污染物排放口等联系起来，形成一个有机的城市基础设施工程网络，以有效缓减和应对城市灾害的发生（如城市雨洪和内涝问题），保持城市安全与健康的生态品质。

（6）加强和深化城市表面生态学（urban surface ecology）研究。城市表面生态学是研究城市建筑物、构筑物等人工表面结构、形态、过程的物理、化学、生物相互作用机理及其与生态系统服务之间关系的一门城市生态学科。它研究地皮、墙皮、路面、屋顶、河床、堤坝等硬化地表的复合生态效应，以及生态工程的规划、设计与管理方法，旨在优化城市地表结构，整合城市生态基础设施，强化城市生态服务功能。城市生态基础设施与表面生态学的整合研究将为城市水文效应（内涝）、灰霾（$PM_{2.5}$）效应、热岛效应、水体污染与富营养化等备受关注的重大问题提供新的解决思路与科学方法。

第 2 章
城市生态基础设施管理与构建方法

2.1 城市生态基础设施管理的概念及内涵

2.1.1 城市的定义与尺度问题

在科学界，城市的定义从未有过统一的答案，不同国家以及不同学科赋予了城市不同的定义。在生态学科或环境学科中，我国学者尝试用定量化方法提取城市边界的研究有许多，如夜间灯光数据提取法、碳排放核算法、全色遥感影像提取法、雷达干涉相干系数分析法等，但也并未有统一的结论。鉴于研究的需要，定义城市的范围为市域范围，主要是参考行政边界进行划定的。另外针对建成区和社区等不同尺度存在研究侧重点不同的问题，也将对其特点与差异进行论述。

2.1.2 城市生态基础设施管理的内涵

管理的定义目前没有统一结果，且其随着人们认识的深入和管理实践的需要而不断发展。聂法良（2013）通过分析统计国内外专家学者对于管理所做的 24 个定义，发现"职能、资源、目标"出现的频率最高，并归纳出具有共识性的观点，即"管理是一个过程"。管理的概念和体系随着与各学科的交叉应用不断地丰富和完善，并有所侧重，在城市生态学领域则产生了城市管理、生态管理、城市生态管理、城市复合生态管理等概念和体系。因为注重过程，所以这些概念都会明确管理目标、管理主体、管理对象和管理方法。

城市生态基础设施管理以城市可持续发展为总体目标，通过对现有生态基础设施重要性进行评估、合理性进行评价，进而找出问题，设定相应目标；管理对象包括现有城市生态基础设施和应成为生态基础设施的部分；管理方法包括政策引导、市场引导和立法保护等。

城市生态基础设施管理是一个主动的管理过程，不是被动地拟合原有的城市扩张规律和生态基础设施斑块破碎化的趋势分析，需要明确城市增长和扩张过程中有利于城市可持续发展的生态基础设施保护和构建的原则，并整合现有的相关管理方法，提出一套针对城市生态基础设施的系统的管理方法与方案。

城
市
生
态
基
础
设
施
评
估
与
管
理

2.2 城市生态基础设施管理的基本原则与类型

通过对已有的生态基础设施构建和管理案例进行研究，分析其中的指导思想与核心问题，生态基础设施管理至少包括以下基本原则和类型。

2.2.1 城市生态基础设施管理的基本原则

2.2.1.1 优先保护原则

生态基础设施核心区域是构成城市大环境生态基础设施网络的核心，也是防止城市无序扩张蔓延的重要防线，还是保障城市生态安全的最基本前提。因此，优先保护原则旨在通过识别和判断生态基础设施中重要性高的区域，即生态基础设施核心区域，进而优先进行强制性重点保护和永久保留。

2.2.1.2 结构优化原则

已有研究表明，生态网络结构的构建可大幅提升生态系统服务质量，有助于保护生态环境、维持生态安全，有利于生态系统服务发挥更大的价值。另外，景观生态学中"斑块－廊道－基质"概念已成为此类领域众多研究的基础。因此，结构优化原则旨在通过保护和重建重要生态廊道，紧密联系各生态基础设施核心区，形成绿网、水网等网络体系，进而优化城市空间布局，引导城市发展规划，改善城市生态环境。

2.2.1.3 动态适应性原则

城市发展的动态性导致了生态用地逐渐被蚕食，城市发展扩张的新增建设用地选址的科学性会对生态基础设施结构和功能产生影响。因此，动态适应性原则旨在保留生态基础设施核心区域和网络结构的同时，予以城市一条对生态基础设施结构和功能影响最小的动态的发展路径，也是生态基础设施的动态保护路径，有利于为城市总体规划、土地利用总体规划提供科学依据。

2.2.1.4 适度干预原则

城市生态基础设施的管理并非一味地保护而拒绝人工的干扰。事实上，对于脆弱性强的未利用地、硬化的城市地表等可作为生态基础设施的用地，需

19

要一定的人工设计和适当的工程措施才能达到生态基础设施的要求。对于与城市居民生活密切相关的生态基础设施，如城市公园、居住区附属绿地等，在构建过程中也应充分注重视觉美感，增强其休闲娱乐功能。另外，屋顶绿化建设成本相对较低，且可以提供多种生态功能，如缓解热岛效应、降低城市噪声、改善城市景观等，具有推广价值。因此适度干预原则旨在建设和改造生态基础设施时，适当地进行人工干预，利用先进的工程技术和景观学原理、美学原理等科学方法进行优化，从而提高其生态系统服务的价值。

2.2.2　城市生态基础设施管理的类型与政策

由于城市生态基础设施管理的复杂性和构建内容的多样性，现阶段关于城市生态基础设施的管理较为分散，缺乏系统全面的城市生态基础设施管理体系，相应的法律法规也较为缺乏。目前，国内外城市生态基础设施的管理类型可以总结为两大类：引导式管理和强制性管理。

1）引导式管理

引导式管理主要是通过政府政策引导或市场引导，进而对城市生态基础设施进行保护和恢复的管理方法。政府政策引导管理的空间尺度往往较大，如区域尺度、市域尺度等，因此需要进一步进行规划细化才能落实；市场引导则是依靠经济杠杆，由市场自发地进行调控，周期较长，效果较慢。

2）强制性管理

强制性管理主要是通过相关立法和强制性标准等来对城市生态基础设施进行强制性保护和修复。由于相关法律法规和强制性标准要落到实地，其涉及空间尺度相对较小或是针对的内容更为单一，如居住区尺度、建成区尺度或只针对耕地、湿地、水体等某一项生态基础设施。由于强制性管理具有法律效力，且指标范围明确，因此是一类快速有效的管理方法。

引导式管理可在条件成熟时转化成强制性管理。引导式管理一般属于具有相对明确目标的探索式管理，需要一段较长的周期深入研究相关理论和机理，并进行试点应用，实际验证效果符合预期的才能最终形成强制性管理的法律条文或行业标准等。我国与城市生态基础设施有关的较为重要的管理类型及具体政策见表 2-1。

城市生态基础设施评估与管理

表2-1 我国与城市生态基础设施相关的较为重要的管理类型与具体政策

管理类型			具体政策
引导式管理	政策引导	有关总体规划	《中共中央关于制定国民经济和社会发展第十三个五年规划的建议》 《土地利用总体规划》 《城市总体规划》
		有关重要生态功能区规划要求	《全国主体功能区规划》 《全国生态脆弱区保护规划纲要》 《全国生态功能区划》
		有关生态建设要求	《关于推进山水林田湖生态保护修复工作的通知》 《生态县、生态市、生态省建设指标（修订稿）》
		有关技术指南与方案	《天然林保护修复制度方案》 《生态保护红线划定技术指南》 《生态文明体制改革总体方案》 《海绵城市建设技术指南——低影响开发雨水系统构建（试行）》
	市场引导	有关实施意见	《国务院办公厅关于健全生态保护补偿机制的意见》 《关于加快推动我国绿色建筑发展的实施意见》
强制性管理	法律法规	综合性法律法规	《中华人民共和国环境保护法》
		有关生态建设法律法规与条例	《基本农田保护条例》 《中华人民共和国自然保护区条例》 《饮用水水源保护区污染防治管理规定》
	强制性标准		《城市居住区规划设计标准》（GB 50180—2018） 《城市用地分类与规划建设用地标准》（GB 50137—2011）

2.3 城市生态基础设施管理研究的关键内容与方法

21

综合国内外有关生态基础设施的研究可知，识别生态基础设施核心区域、核算生态基础设施合理面积、优化与构建生态基础设施布局是研究的关键内容。城市生态基础设施管理研究的关键内容、研究方法及其优劣分析见表2-2。对于现有关键问题和内容以及解决方法的整合研究可为城市生态基础设施管理提供科学依据和参考。

表2-2　城市生态基础设施管理研究的关键内容、研究方法及其优劣分析

关键内容	研究方法	优点	缺点
城市生态基础设施核心区域识别	直接识别法	简单明确、易于操作	部分边界较难落实到具体坐标
	因子叠加识别法	内容全面、因地制宜、指标选取灵活	部分数据不易获取，工作量大；等级划分与权重确定主观性较强
城市生态基础设施合理面积核算	经验标准法	计算简单、政策支持	地方差异考虑不足；部分指标存在较大争议
	供需平衡法	思路清晰、科学性强；可基于其他数据预测未来	地方差异较大，结果可比性差；准确数据不易获取，数据精度不高；仅考虑单一功能
	安全格局法	考虑多种生态功能，综合性强	表达结果多层次，描述主观性大；阈值确定和阻力值赋值主观性大
城市生态基础设施布局优化与构建	属性评价法	内容全面、综合性强；结果分类分级，得出重要性排序	计算过程烦琐；分类分级阈值难以确定；构建模型通用性较差
	多指标优化法	计算量小；可为多目标决策提供依据	指数解释受尺度影响大；考虑因素单一
	生态过程法	选择重要生态过程；针对性强、实用性高	计算复杂、数据量大；对使用者综合要求高

2.3.1　城市生态基础设施核心区域识别

城市生态基础设施核心区域应该包括难以移动、难以复制、具有高复合生态价值或开发成本高、开发风险性大的不适宜进行工业化或城镇化建设的区域以及国家明令保护的区域。通常，核心区域的确定方法可总结为以下两种：直接识别法和因子叠加识别法。

1）直接识别法

相关研究表明，一般可直接划入核心区域的生态基础设施包括：最具生态重要性的大型自然斑块（敏感物种栖息地、连续分布超过100hm^{2}的森林、100hm^{2}以上的原生生态湿地）和国家指定的保护区（国家级自然保护区、世界文化和自然遗产、国家重点风景名胜区、国家森林公园、国家地质公园、一级地表水源保护区）。事实上，通过研究申报条件可以发现，国家强制性保护的区域，都是具有极高社会-经济-自然复合生态价值的区域。另外，除了对现有生态基础设施核心区域的保护，一些人工恢复和构建的生态基础设施也会成为核心区域而得到永久保护。例如，北京奥林匹克森林公园作为人工新建的生态基础设施被北京市人民政府定位为永久性的城市公共绿地，并为周边提供着重要的生态系统服务。

2）因子叠加识别法

因子叠加识别法类似千层饼模式和环境敏感区域模型，通过筛选易获得

且相关性强的因子，获取其图层进行重要性分类分级，之后应用 GIS 进行叠加计算分析，得到最终的受保护区域。常见的因子包括生物多样性、敏感物种分布、坡度、地面起伏度、工程地质、土壤深度、植被覆盖度、地质灾害发生、道路、水体、人工化程度等。以此模型为基础，众多学者分别从生态安全格局、可持续发展、土地利用现状规律、市域尺度生态经济区划、生态用地重要性分级、生态系统服务价值和开发风险性、生态敏感性与脆弱性的角度进行研究，表明通过 GIS 叠加各因素计算得到的地质灾害易发区、生态敏感区、生态功能重要区，以及具体的坡度较陡或海拔较高的山地、河网、海岸带和连续分布的且具有较大面积的林地等应成为生态保护和修复的重点。

综合对比这两种方法，可以发现：直接识别法依据国家相关的保护规定和现有的较为认可的大型自然斑块，对这些区域直接进行保护，规避了复杂的分析过程，简单明确，易于操作，但是此方法现存的最大问题就是保护边界往往不能落到具体的坐标，导致无法进行严格的保护；因子叠加识别法考虑因素系统全面，因子选取因地制宜，有较好的灵活性、综合性和科学性，但此方法最大的问题在于因子的筛选方法、因子图层重要性分类分级的依据、图层之间叠加的权重等问题目前尚无统一规定，这就造成了模型使用者必须具备扎实的生态学基础和项目经验，才能做出符合实际的科学判断。

2.3.2　城市生态基础设施合理面积核算

生态基础设施面积核算常用方法有三类：经验标准法、供需平衡法和安全格局法。

1）经验标准法

经验标准法一般遵照国家和地方的相关法律、法规、标准以及地方政府的发展目标，进而明确城市生态基础设施的面积。此类经验标准总结起来还可以分为两类，一类是对生态基础设施总量的控制要求，如卫生学和防灾防震对城市绿地面积比例的要求、碳氧平衡法对城市及区域人均绿地的要求、我国开展生态城市等评定工作时关于绿地率、绿化覆盖率等指标的相关标准；另一类是各个管理部门对于不同类型生态基础设施的专项要求，如我国在对绿地规划指标相关标准有最低要求的《城市绿化规划建设指标的规定》，城市湿地规划则需要在保持自然水系状态的前提下，符合《城市水系规划导则》（SL 431—2008）中对城市水面率的要求及《城市蓝线管理办法》中对水系的规划管理要求等。

2）供需平衡法

基于生态系统服务的供需平衡法是测算合理的生态基础设施面积比较常见的方法，通常选取一种生态系统服务进行研究和计算，但并非所有功能都适宜在市域尺度进行供需平衡测算。Constanza 等（1997）系统地提出了 17 项生态系统服务；Bolund 和 Hunhammar（1999）在此基础上研究认为，其中 6 项服务功能（净化空气、减缓热岛效应、噪声削减、雨水内排、污水处理、娱乐与文化价值）在城市范围内尤其重要，并讨论了相应的生态系统在城市中的面积和价值。对于碳氧平衡理论，在论证了市域等小尺度研究的合理性和对全球尺度碳氧平衡的重要作用之后，许多科学家基于此理论分别根据固定年份城市耗氧量、预测人口增长及耗氧量等进行了静态或动态的计算。Yin 等（2010）建立了测算碳氧平衡的模型提高计算准确性。此外，根据供需平衡原理，Marco 等（2008）将人类社会的生态需求与自然土地的生产供给能力通过生态足迹和生态承载力相结合，来测算城市的生态基础设施需求。赵丹等（2011）基于生态绿当量的概念，提出了核算城市生态基础设施合理面积的标准。Li 等（2014）借助最小累积阻力模型，分别基于生态用地源和建设用地源，模拟阻力面，计算了符合常州市生态保护和经济发展需求的适宜生态用地规模。

3）安全格局法

安全格局法结合了景观生态学理论和方法，侧重生态过程的识别与保护，是一种确立合理的生态基础设施面积的方法。目前，应用较多的主要生态过程包括水文、地质灾害、生物多样性保护、文化遗产、游憩过程五大类。苏泳娴等（2013）在构建佛山市高明区生态安全格局时还引入了农田安全格局和大气安全格局。此方法在不断完善的过程中，较为综合地考虑了城市居民安全和生态过程安全，构建的安全格局在确定了生态基础设施空间分布的同时也得到了适宜的生态基础设施面积。

以上三种关于生态基础设施面积核算的方法各有优劣。经验标准法参照已有的经验和标准，其最大的优点是计算简单明确，有政策支持；缺点在于不同地方的政府由于生态环境建设目标的不同导致城市的生态用地需求数量规模也不尽相同，有些评价指标的科学性与合理性甚至存在很大的争议。由于此方法所参考的标准都是科学研究与实证结果的总结，因此加强相关基础研究，完善基本可靠的科学依据也是制定一些标准的基础。供需平衡法的优点是针对某项生态系统服务的需求进行供给性分析，思路清晰，还可预测未来；缺点是现有的计算大多以生态基础设施提供的单项生态系统服务为核算依据，所核算的阈值难以确定，所选生态功能的代表性强弱有待验证，另外单项生态系统服务的供需平衡法也受到诸如数据来源的准确性、具体算法的多样性、生态用地类型的差异性等因素的较大干扰，影响结果的可靠性。安全格局法的优点在于生态功能代表性强，以保证重要生态过程为目标，同时可以确定数量规模与相应空间分布；缺点在于结果表达方式为多层次水平，对于不同水平的描述主观性较大，且阈值确定的合理性、最小累积阻力模型阻力值的高敏感性，都会对结果有较大影响，所以该领域进一步研究的重点是提高过程模拟模型的科学性和划分阈值的合理性。

2.3.3　城市生态基础设施布局优化与构建

通过总结国内外相关研究发现，生态基础设施格局的优化与构建方法大致可分为三类：属性评价法、多指标优化法和生态过程法。

1）属性评价法

属性评价法旨在通过构建评价指标体系（重要性、适宜性、敏感性），进而评价已识别的生态基础设施，明确不同区域的价值排名，并对评价结果高的区域和结构予以保留和保护。该方法的特点是针对已经存在的生态基础设施进行优先保护。例如，Pereira 等（2011）通过计算移除斑块后对连接概率指数（probability of connectivity index）的影响程度来确定斑块的相对重要程度。Weber 和 Wolf（2000）在美国马里兰州构建的绿色基础设施评价模型给出了辨识斑块和廊道的方法，并分别从生态重要性和开发风险性两个角度整合 60 项指标，构建了科学全面的指标体系，对识别出的斑块和廊道进行重要性排序，还确定了重点保护区域斑块和廊道分别占重要性排序结果的比例。

2）多指标优化法

多指标优化法通过构建一系列能体现网络结构优劣的指标或者综合考虑各方面的指标（如斑块平均面积、斑块密度、形状指数、景观破碎度指数、网络闭合度、成本比），并通过设定不同情景对指标进行计算，最后选择符合实际情况且可行性强的优化方案。Dai（2011）指出对城市绿色空间的可达性分析可以辨识出城市中绿色空间服务水平不足的区域，从而为城市绿地的优化布局提供科学依据。Kong 等（2010）在建成区中通过重力模型给出了判断斑块间相互作用的距离阈值，之后结合最小成本路径分析（the least-cost path analysis）和图论（graph theory）确定了最优的生态基础设施网络布局。Teng 等（2011）将模拟的工程花费引入最小累积阻力模型并综合考虑多种功能，构建了多目标多等级的绿道网络布局，大大增强了结果的实用性。

3）生态过程法

生态过程法通过综合各种过程模拟模型或构建影响特定生态功能阻力面来判别对这些过程的安全和健康具有关键意义的源和空间联系，确定阈值并划定该功能的适宜安全格局，最后综合多种生态过程得出综合的生态安全格局。在市域尺度上，俞孔坚等（2005）在城市规划中提出的"反规划"思路就是以此为依据，进行不同等级水平的安全格局识别和构建。朱强等（2005）则基于生态过程原理，总结了处于不同生态过程、承担不同生态功能的生态廊道的宽度要求。在建成区尺度上，Zhou等（2011）通过流体力学模型对绿色空间释放氧气的扩散过程进行模拟，结合建成区内建筑密度，计算出了应该增加的绿地面积，并对绿地选点和绿网结构进行了规划。周媛等（2011）综合考虑人口密度、空气污染程度和城市热岛效应强度，利用GIS和多目标区位配置模型对沈阳市三环内城市公园进行了优化选址。

综上所述，属性评价法侧重对已有生态基础设施的分级分类和保护，指标选取灵活性和针对性强，评价内容综合性高；但是对于结果的分类分级阈值难以确定，缺乏统一规范；另外计算过程较为烦琐，构建出的具体模型通用性较差。多指标优化法侧重对新规划的生态基础设施的合理性判断，对于景观指数和图论方法已形成了较为统一的固定流程，计算量不大，可为多情景多目标提供决策依据；但是该方法单纯依赖理论指数值，考虑因素较为单一，景观指数值的实际意义也因尺度变化有不同的解释，另外新增的廊道也只有空间位置的确定，并无廊道宽度的确定标准。生态过程法可根据不同尺度选择重要的生态过程分析，灵活性好、针对性强，既有对现有生态基础设施的保护建议，又有对新增生态基础设施的规划建议，还可以对廊道宽度进行指导；但是在构建模型中，模拟面的阻力值需要人为赋值，缺乏统一赋值标准，另外考虑的过程较多则所需的数据收集量较大、计算较复杂，对使用者的综合要求较高。

2.4 城市生态基础设施辨识指标体系与方法

城市生态基础设施辨识指标的选取要全面综合地考量整个生态系统的各个方面，城市生态系统一般可分为三大子系统：自然生态系统、自然－人工生态系统和人工生态系统。以生态基础设施对不同变量因子的响应能力强弱为辨识依据，从生物保护、景观安全格局与生态系统服务等相结合的角度上，选取适当的指标因子，经过筛选完成对生态基础设施辨识指标体系的构建。

2.4.1　自然生态系统

选取地形地貌作为衡量自然生态系统的标志变量，地形地貌通过影响气候与土壤，间接地影响着植物的生长与分布、湿地的发育与演变，对人类的活动也起着天然基底的限制作用，与生态基础设施空间分布有着较强的关联。本书选取高程、坡度、地形起伏度和地形离散度这四个指标来反映地形地貌对生态基础设施的影响。

高程是指超过或低于某参考平面的垂直距离，地貌的高程参考平均海平面来表示。高程越高或者越低的区域往往具备较强的生态系统服务；坡度可以理解为坡上两个点间高度差与其水平距离的比值；地形起伏度指各点的高度差，强调在领域范围内海拔变化的大小；地形离散度表示区域内各点高程与区域平均高程之间的离散程度，具体参照标准差的计算方法。以上变量均是区域宏观性的指标，均与生态基础设施的可能性呈正相关关系，即坡度越陡、地形起伏度越大、地形离散度越大的区域，越可能是生态基础设施的组成部分。

2.4.2　自然－人工生态系统

选取自然和人类活动共同影响下的地表覆盖来体现区域自然生态系统与人工生态系统的相互作用关系。本书选取植被覆盖度、土地利用类型、地质灾害（缓冲）距离及生物多样性这四个指标来反映地表覆盖对生态基础设施的影响。

植被覆盖度反映植被生物量大小，计算一般采用基于像元二分模型的植被指数法，植被生长越繁茂的区域，越有可能成为生态基础设施。土地利用代表着区域内不同的土地利用类型，林地、湿地、湖泊具有较强的生态系统服务，因此成为生态基础设施的可能性很高，农田、坑塘、建设用地、居民地等次之。地质灾害区域往往是区域不可触碰的刚性底线，越是易发生地质灾害的区域成为生态基础设施的可能性就越高。生物多样性越重要的区域，如栖息地、水源地、生物迁徙通道等，越有可能是生态基础设施的重要组成部分。

2.4.3 人工生态系统

人类活动是人工生态系统特征的标志变量，可用来表达人类改造自然强度的大小。本书选取夜间灯光强度、交通网络密度、人口密度和地表温度指数四个指标反映其对生态基础设施的影响。

夜间灯光强度展示地球入夜的城市灯火分布情况，在一定程度上反映了该区域的工业化和商业化等发展水平；交通网络密度描述的是交通线路的密集程度，反映了道路建设强度；人口密度即单位面积内人口的数量，表示地域人口在该地域范围内的密集程度；地表温度指数的高低反映了热岛效应的强弱，以上四个变量均与构成生态基础设施可能性呈现出负相关性，即夜间灯光强度越弱、交通网络密度越低、人口密度越低、热岛效应越弱的区域，成为生态基础设施的可能性就越大。

综上所述，生态基础设施辨识指标体系如表 2-3，综合不同指标自身的敏感性、不确定性和获取方法的精确程度，表中各级指标的权重通过层次分析法（analytic hierarchy process，AHP）计算。其中人工生态系统的四个指标之间存在相关性，为消除重叠因子对指标权重的影响，引入组合数学中互异代表系理论，以达到消除指标间相关性对结果的干扰。本书提出的生态基础设施辨识指标体系在广州市增城区得到了很好应用，评价结果符合实际。

表2-3　生态基础设施辨识指标体系

一级指标	一级指标权重	二级指标	二级指标权重	二级指标在一级指标内部的权重
自然生态系统	0.413	高程 /m	0.129	0.313
		坡度 /（°）	0.146	0.355
		地形起伏度 /m	0.069	0.166
		地形离散度 /m	0.069	0.166
自然 - 人工复合生态系统	0.331	植被覆盖度	0.134	0.405
		土地利用类型	0.105	0.317
		地质灾害（缓冲）距离 /m	0.033	0.100
		生物多样性	0.059	0.178
人工生态系统	0.256	夜间灯光强度	0.056	0.220
		交通网络密度	0.144	0.560
		人口密度 /（人 /km²）	0.046	0.180
		地表温度指数	0.010	0.040

城市生态基础设施评估与管理

2.5 城市生态基础设施管理优化方法

2.5.1 建立健全生态基础设施管理方法体系和内容

在管理方法方面，目前我国还处于生态基础设施管理的摸索期，相关管理方法较为分散，缺乏系统全面的生态基础设施管理体系，也缺乏相应的法律法规。因此，针对生态基础设施管理，形成系统完善的管理体系尤为重要。在市场引导方面，应努力创新市场引导方式，适当引入第三方监管机制，加强对生态基础设施保护与修复工程的监管力度，尽快制定和完善详细的生态补偿策略。在政策引导方面，应参考借鉴国外土地管理与生态管理的成功经验，并将生态基础设施规划与现有的城市总体规划相互融合、相互补充，同时加速将相关科研成果转化为决策依据。在强制性行业标准引导方面，要加强监管力度，严格把控初期和最终评审环节，并对违规项目及其负责人进行严格整改和惩治。

2.5.2 整合多尺度生态基础设施管理研究

在城市范围内，生态基础设施在不同尺度对城市发展及其居民生活的主要功能也有所差异，因而决定其面积形状、空间布局、视觉效果等的影响因素也不同。在市域大尺度，其主要功能是维系自然过程、保持生态安全，如生物多样性保护、保持水土、预防地质灾害发生、调节小气候等；而在建成区尺度和社区尺度，其主要功能则是与人类紧密相关的，如改善人居环境、降低热岛效应、降低污染和噪声、提供休闲文化、美化视觉景观；不同尺度之间又存在着紧密的逻辑联系。因此综合进行多尺度分析，明确不同尺度之间的转换关系，在制定市域尺度生态基础设施数量和空间布局方案的同时，在建成区和社区尺度对其空间布局和质量进行优化，对于城市生态基础设施管理具有重要意义。目前这方面研究有待进一步加强。

2.5.3 优化生态基础设施构建方案和方法

对于生态基础设施管理研究的三个关键问题和内容，已在前面论述了现

29

有研究方法模型的优点和存在的问题，并提出了相应的对策建议。另外，作为管理内容的主要组成部分，识别生态基础设施核心区、核算生态基础设施合理面积及优化与构建生态基础设施布局通常是紧密联系、相互影响，但又各有特色。城市生态基础设施构建和优化，是城市现状格局评价和未来发展合理规划的基础和支撑。因此，在制定生态基础设施构建方案时，如何理清这些问题的逻辑顺序，每个问题选用何种方法模型，不同问题之间计算的结果是否有冲突，冲突区域如何解决等，都是有待进一步研究的问题。

第 3 章
城市绿地生态基础设施的系统
评估与适应性生态管理方法

3.1 城市绿地生态基础设施管理方法框架

根据马世骏和王如松（1984）提出的社会－经济－自然复合生态系统理论，通过生态辨识和系统规划，运用生态学原理和系统科学方法去辨识、模拟和设计生态基础设施系统内部、生态基础设施系统与社会经济系统的各类关系。通过调整生态基础设施系统组分、时间、空间、数量、结构、序理上的关系，应用自然生态系统的"整体、协同、循环、自生"原理，达到系统各组分与功能的协同，实现系统的整体效益最优。本书从复合生态系统和生态基础设施理论角度，提出绿地生态基础设施的管理方法框架如图 3-1。

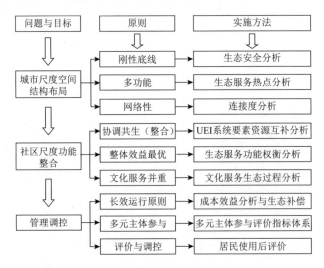

图 3-1　城市绿地生态基础设施管理方法框架
UEI（urban ecological infrastructure）为城市生态基础设施

生态基础设施具有多尺度性，以上原则在不同的尺度有不同的体现方式。另外，以上原则在规划实践过程中具有协同作用，是相互交织在一起的。比如滨河绿道的建设，既是蓝绿生态空间结构整合的案例，也是发挥生态基础设施多功能的案例。提高生态系统服务水平是以上原则的落脚点，本书以生态系统服务优化和提升为核心，将以上生态基础设施规划的原则，以城市公园为典型案例，落实到不同尺度的生态基础设施规划和管理中。

3.2 绿地生态基础设施应具备的特征

城市绿地生态基础设施的结构和功能应具备以下特征。

网络结构：系统结构是发挥系统功能的基础。提高绿地生态基础设施的连通性，对增强生态系统服务有重要作用。连通性的概念起源于景观生态学，可以表述为"景观结构和有机体运动的相互关系"（Merriam，1984），其对于降低破碎化对物种的影响非常重要。连通的景观可以引导物质（水、空气）、能量流动，如有些城市通过风道的规划引导城市和郊区大气的流动。增强连接度也能促进人文生态过程，如绿道可以促进居民户外活动，通过游憩的路线，来引导资金流和物质流的流向。

生态服务：城市绿地和湿地生态基础设施是生态系统服务的主要提供者。对其管理的重心应该由结构数量转移到生态过程和服务功能的管理上。公园生态基础设施建设的数量和布局，应考虑周围居民对生态系统服务的需求。

生态安全：生态基础设施与传统的绿地、湿地的概念与内涵不同，它是从基础设施、生态安全与工程网络的高度提出的，绿地生态基础设施应该维持区域生态系统结构和生态过程的完整性，维护区域生态安全。

文化服务：文化服务属于生态系统服务的一种，绿地具有重要的文化服务功能。传统的绿地建设考虑了居民的休闲游憩功能，但是绿地生态基础设施提供了多种文化服务功能，应该全面认识绿地在健康、美学、教育和社交等多方面的功能。

3.3 城市尺度绿地生态基础设施评价与管理方法

3.3.1 城市尺度绿地生态基础设施评价

城市尺度绿地生态基础设施的评价有两个层面。第一个层面，是从绿地的选址和布局角度出发，绿地生态基础设施应该满足城市对生态系统服务和生态安全的需求，所以城市绿地生态基础设施如公园的选址需要包含提供生态系统服务和维护城市生态安全的关键区域。因此，第一个层面，是城市土地利用适宜性的生态评价，通过评价得到城市生态系统服务和生态安全格局的关键区域，并将其作为适宜选址。另外，绿地生态基础设施系统应该通过生态廊道将核心斑块连接起来，提高系统的连通度，强化生态系统服务。因此还需要通过识别生态廊道和评价系统连通度，构建生态基础设施系统网络（图3-2）。第二个层面，是从绿地系统的管理角度出发，对城市绿地生态基础设施发挥生态系统服务正、负效应的评价，包括调节径流、缓解热岛、碳固定、空气污染削减、水土保持、生物多样性保护等。

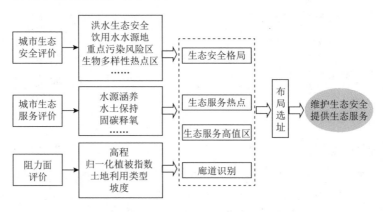

图 3-2 城市尺度绿地生态基础设施评价

3.3.1.1 城市生态安全评价

生态安全是多维的概念，任何生态因子过多或者过少，接近系统的阈值，都可能成为限制因子，引起生态系统的风险。根据要素划分，生态安全评价包括水生态安全评价、生物多样性生态安全评价甚至文化生态安全评价。通过对生态过程（如城市扩张、物种扩散、水文过程等）的分析和模拟，来判别对这些过程的安全与健康具有关键意义的景观元素、空间位置及空间联系，这种关键性元素、空间位置和联系所形成的格局就是生态安全格局。

生态安全的评价方法根据考虑的生态过程差异而不同。例如，洪水安全格局的评价需要结合历史洪涝灾害分析，洪水过程模拟和淹没分析可以用到的模型有 SWMM 和 SWOT 等。生物多样性安全格局常规的构建方法是选定保护物种，通过分析其取食、繁殖和筑巢等生理活动对生态因子的要求，划定适宜的生存范围。再通过模型模拟其扩散过程，最终划定栖息地的核心斑块、缓冲斑块和生物廊道等要素。其中，焦点物种的选择有不同的方法，可以选择伞护种（伞护种是保护生物学中的概念，是指某一物种的生存环境覆盖了很多其

城市生态基础设施评估 与 管理

他物种，保护了伞护种就能保护其他物种），也可以选择珍稀濒危动植物、建群种等作为保护对象。应用的模型有 MaxEnt、Linkage Mapper 和 Marxan 等（王敏，2015）。根据研究的问题和目标，可以选择不同的生态安全分析方法（俞孔坚等，2005）。

3.3.1.2 绿地生态基础生态系统服务评价

对生态系统服务的评价有三种方式：①对服务功能物质量的评价；②对表征生态系统服务大小的指标的描绘，如可以通过标准化植被指数表征净初级生产力（net primary productivity，NPP），可以通过叶面积指数表征空气污染削减等生态系统服务；③对服务功能价值量的评价，在服务功能质量评价的基础上，进行经济价值量的评价。

绿地生态基础设施为城市提供了一系列生态系统服务，在城市尺度考虑的生态系统服务指标主要包括调节径流、土壤保持、缓解热岛、固碳释氧、净化空气、休闲娱乐和文化服务等。以往对城市绿地生态系统服务的评价已有一些研究，其方法和模型可以应用到公园的评价中（表 3-1）。

表3-1　城市绿地生态系统服务评估模型比较

评估方法	优点	缺点
CITYgreen 模型	可用于城市森林（小区域如一个公园、一个社区，大区域如整个市区）进行结构分析与生态效益评价，同时将结果以报告形式输出	基于 GIS 软件 ArcView 开发，对遥感图像要求较高
i-Tree 模型	以大量实际调查为基础，精度较高，从树木个体尺度到城市尺度均适用。模型新增对灌木草本生态效益的评估，拓展模块不断增加，如 i-Tree Storm、i-Tree Canopy、i-Tree Species、i-Tree Hydro、i-Tree Street，为城市森林评价、监测和管理提供了系统的解决方案	要求数据量较大，野外调查任务大，主要针对绿地。参数是基于美国的树种
UFORE 模型	基于 SAS 软件建立，主要评价城市森林的大气净化功能，需结合当地气象和大气污染物浓度数据计算	主要针对绿地的污染净化功能。参数是基于美国的树种

资料来源：根据黄从红等（2013）修改

3.3.1.3 绿地生态系统服务负效应评价

城市绿地在提供生态系统服务的同时也有负效应，目前，生态系统服务负效应逐渐引起人们的关注。生态系统服务负效应（ecosystem disservices）是指生态系统特征、过程、功能产生的对人类福祉有实际影响或者人类感知的负面效应（Shackleton et al.，2016）。负效应涉及的类型广泛，不同的个体对负效应的感受不同，因此目前还没有统一的评价指标和方法。例如，一些研究用不健康的树木个体、过敏植物、维护成本作为负效应指标（Dobbs et al.，

2014）。美国林务局开发的 i-Tree 模型具有污染气体排放的评价模块、树木健康水平评价模块，这些模块可以作为绿地负效应评价的方法。由于负效应具有社会文化属性，一些负效应（如令人厌恶的物种）需要结合社会调查的方法进行评价。

负效应评价研究刚刚开始，目前阶段应该收集更多的负效应案例，在评价案例的基础上对负效应进行分类，然后再针对具体的负效应提出较合理和统一的评价标准。基于文献梳理，本书将负效应进行分类（表3-2），为后续评价和管理提供基础。

表3-2　生态系统服务负效应类型

类型	负效应	文献来源
健康	花粉过敏	Vaz et al.，2017
	动物攻击	Baró et al.，2014
	人畜共患病传播	Baró et al.，2014
	细菌和病毒	Baró et al.，2014
	甲烷引起人不适	Baró et al.，2014
破坏基础设施	动物排泄物破坏建筑	Shackleton et al.，2016
	树根破坏道路	Shackleton et al.，2016
	自然灾害破坏基础设施	Shackleton et al.，2016
安全	林分郁闭带来的恐慌	Dobbs et al.，2014
	被野生动物攻击的恐慌	Dobbs et al.，2014
	树木凋落物	Dobbs et al.，2014
	遮挡视线引起交通事故	Dobbs et al.，2014
文化	引起厌恶的种类	Escobedo et al.，2011
	文化、宗教上厌恶的物种	Escobedo et al.，2011
维护成本	过度遮挡阳光	Escobedo et al.，2011
	水资源消耗	Shackleton et al.，2016
	园林废弃物	Shackleton et al.，2016
引起污染	引入入侵物种	Shackleton et al.，2016
	污染气体排放	Shackleton et al.，2016
	使用化肥农药	Shackleton et al.，2016

3.3.2　城市尺度绿地生态基础设施管理

对城市尺度绿地生态基础设施的管理应该由以往的对城市绿地树木的修剪、浇灌、病虫害防治等方面转变为对绿地生态系统服务的管理。权衡各生态系统服务之间以及正效应与负效应之间的关系（图3-3）。城市绿地生态系统服务的管理涉及三个方面：①生态系统服务评价与监管。对绿地生态系统服务进行评价，将绿地生态系统服务作为管理水平的评价指标。定期对绿地服务功能进行评价，保障服务功能的正常供给。②生态系统服务负效应管理。绿地生态基础设施的服务功能广为人知，但是其负效应却很少受到管理者的关注。城市绿地常见的生态系统服务负效应包括：植物源有机挥发物排放、水资源消耗、引起过敏、园林废弃物生产、引起恐慌、破坏基础设施、遮挡视线等（Dobbs et al., 2014；武文婷等, 2012）。需要通过对绿地生态基础设施的负效应进行研究，并提出相应的生态管理方法与对策；③生态系统服务权衡是指一种生态系统服务的使用增加造成另一种生态系统服务减少的情景；生态系统服务协同是指两种生态系统服务同时增加或同时减少的情景。绿地生态基础设施的各种服务功能之间可能存在权衡关系，正负效应之间也存在相关关系，因此需要对生态系统服务及其正负效应的关系进行科学调控和管理。

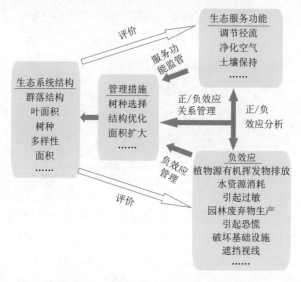

图 3-3　绿地生态基础设施生态系统服务管理框架

37

3.4　社区尺度公园生态基础设施评价与管理方法

3.4.1　社区尺度绿地生态基础设施评价

社区尺度绿地生态基础设施的评价主要考虑居民日常休闲和游憩文化服

务功能的发挥。关于调节服务与支持服务的生态过程、影响因子的研究较多，但是文化服务的研究才刚刚起步，没有建立有效的概念模型，更缺乏对文化服务功能影响因子的深入认识，因此需首先建立文化服务功能的概念模型（图 3-4）。

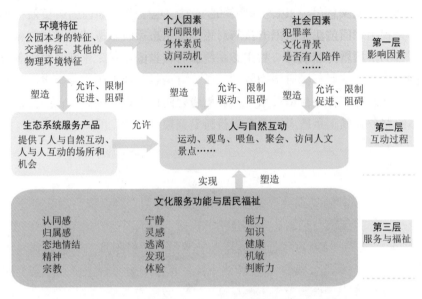

图 3-4　社区尺度绿地文化服务功能评价概念模型

在生态系统服务分类系统中，文化服务功能比较难以界定和量化。文化服务功能包括休闲游憩、教育、归属感、精神与宗教、美学功能等（Kumar and Pushpam，2008；Plieninger et al.，2013）。虽然目前对于文化功能的分类体系还有争议，但是许多研究都论述了文化服务功能的重要性。联合国发起的"千年生态系统评估"（Millennium Ecosystem Assessment）指出，文化服务功能直接与人的健康和福利相关。许多研究表明，文化服务功能是将生态系统服务的研究、规划与管理联系起来的抓手（Erik et al.，2015）。要深入理解绿地生态基础设施文化服务功能的发挥，需要考虑其建设的影响因素、人与公园交互的过程、文化服务功能和人类福祉的输出等。因此本书中的概念模型包括三个层次（图 3-4）。

第一层：影响因素，指的是影响文化服务功能发挥的因素。包括两个方面：①环境特征，指影响文化服务功能发挥的物理环境特征，包括公园本身的特征（如公园的大小、美学特征、特定设施、维护水平、安全程度、可达性等）、交通特征［如道路的可步行性（walkability）、连通性（connectivity）等］和其他的物理环境特征；②个人因素，这一定程度上取决于居民的访问行为，如对同一景观，不同居民的感受不同。因此需要考虑居民的个人因素，如时间限制、身体素质和访问动机等；③社会因素，包括犯罪率、文化背景、是否有人陪伴等。

第二层：互动过程，不同的互动过程影响服务功能的发挥和访问公园产生的益处，如在公园中运动和进行社交活动对人的心理和身体产生的益处不同。在公园中滞留的时间也影响服务功能和福祉的发挥。

第三层：服务与福祉，包括身体、心理、精神和文化等各个层面的益处。以往研究对服务功能和人类福祉做了区分，但是并没有明确地分类。

通过这个系统分析框架，可以厘清影响公园生态基础设施发挥服务的诸多因素之间的关系，为公园评价、规划、设计和管理提供科学依据。

3.4.2 社区尺度绿地生态基础设施管理

绿地作为生态基础设施为居民提供了健身与亲近自然的场所，从而为身体和心理健康带来多种益处。西方国家很早就将建筑环境设计作为提高公共健康、控制肥胖和慢性病的重要手段；而在我国，城市绿地的该项服务功能没有得到重视，相关研究非常少。因此我们将居民运动健康作为功能指标，对绿地促进运动健康功能的水平进行评价，辨识其影响因子和机理，进而进行科学有效的管理。运动健康评价可以从以下几个方面影响绿地管理：①我国城市绿地促进公共健康的研究非常少，通过此项功能的评价，为管理者提供了认识绿地重要作用的新视角；②通过辨识绿地提高居民运动量和促进健康的机理，可以为绿地的规划、设计与管理提供科学依据；③通过研究影响居民运动与健康的相关因素（如可达性和居民态度等），可以对其进行调控，使绿地生态基础设施发挥更多的公共健康效益。

基于居民运动健康功能的社区尺度绿地管理框架如图3-5。绿地促进居民运动和心理健康的途径主要有三个：①"亲自然性"，指的是人简单地暴露在自然环境中就会得到认知提高、情绪修复、压力释放等益处；②绿地提供了居民聚会、社交的场所，通过社交活动，增进居民认同感和促进心理健康；③居民在绿地中往往会进行爬山、跑步等体育锻炼，在自然环境中运动会比在人工环境中运动带来更多的身心健康益处。绿地特征和居民个人因素都会影响居民访问绿地的行为和过程，从而影响运动健康功能。反过来，居民访问绿

39

地的体验，获得的心理健康益处又会塑造居民的态度和行为。许多研究已经表明，不同文化教育背景的居民对绿地（如公园）的服务功能需求不同，如低收入的人群在公园中寻找舒适的环境；而高收入的人群在公园中进行锻炼、享受景色或进行露营等活动。因此需要识别影响运动健康的因子和过程机理（图 3-5），在此基础上进行调控和管理。

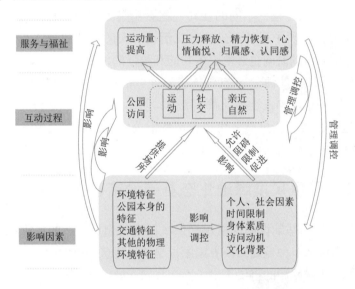

图 3-5　基于运动健康的社区尺度绿地生态基础设施管理框架

3.5　基于生态系统服务权衡的城市尺度公园生态基础设施管理案例

3.5.1　研究区概况

北京位于中国华北地区，位于 39°56′N、116°20′E，平均温度为 12 ℃，平均年降水量为 554.5 mm，80% 的降雨集中在夏季（Wang et al., 2016）。北京有三千多年的建城史，早在 1271 年就成为元朝的都城。根据《北京城市总体规划（2016 年—2035 年）》，北京常住人口规模到 2020 年控制在 2300 万以内，2020 年以后长期稳定在这一水平。目前，随着城市的发展和土地利用的变化，北京面临着城市生态系统服务的缺失，产生了热岛效应、空气污染、城市内涝、生物多样性降低等生态环境问题。增强对北京生态基础设施服务功能的供给对缓解以上生态环境问题有重要的作用。2015 年，北京人均公园绿地面积达到 16 km²。本研究区域是北京城五环内的建成区，面积约为 650 km²（图 3-6）。

图 3-6　研究区示意

3.5.2　公园绿地生态基础设施的生态系统服务正负效应综合评价

3.5.2.1　生态系统服务正效应和负效应指标体系

自然生态系统服务指标参考了"千年生态系统评估"框架，主要研究了调节服务、支持服务和文化服务。相比之下，文化服务和负效应的指标比较缺乏。通过综述近五年关于城市绿地文化服务和生态系统服务负效应的研究，将文化服务和生态系统服务负效应分别用三个指标表示。文化服务选择可达性指数、美学价值得分和本地物种比例，负效应包括有机挥发物排放、灌溉需水量和绿色垃圾生产量（表 3-3）。其中，绿色垃圾是指公园植被产生的凋落物、植物死后的残体和植被修剪中产生的植物组织。目前绿色垃圾呈现越来越多的趋势，如 2009 年，北京城市公园的绿色垃圾产量达到了 400 万 t，这些绿色垃圾也没有被资源化利用（汪少华，2015）。绿色垃圾由于在腐烂的时候会产生温室气体，还会造成土壤的污染，所以还需要人工收集，因此将此作为一项生态系统服务的负效应指标。

表3-3　生态系统服务正效益、负效应、指标、方法与数据源

类型	生态系统服务 / 负效应	指标	方法	数据源
调节服务	固碳释氧	碳储量（包括地上和地下部分）	i-Tree Eco	北京城市公园 187 个样方；i-Tree Eco 数据库
	径流调节	径流调节量（被冠层截留的径流）	i-Tree Eco	北京城市公园 187 个样方；i-Tree Eco；每小时降雨数据
	缓解热岛	潜热吸收	经验公式	北京城市公园 187 个样方；陈自新等（1998）
	空气污染物移除	空气污染削减量（植被从空气中移除的 CO、SO_2、NO_2、$PM_{2.5}$ 和 PM_{10}）	i-Tree Eco	北京城市公园 187 个样方；每小时的空气污染数据；城市气象站
支持服务	净初级生产力	净初级生产力（每年固定在乔木和灌木中的碳）	i-Tree Eco	北京城市公园 187 个样方；i-Tree Eco
文化服务	可达性	可达性指数	可达性指数	谷歌地图；百度地图；陶晓丽等（2013）
	美学价值	美学价值得分（乔木和灌木的美学价值评分）	引用相关文献	黄广远（2012）
	本地物种	本地物种比例	本地物种数 / 总物种数	北京城市公园 187 个样方；本地物种名录
负效应	植物源有机挥发物	有机挥发物排放（单萜、异戊二烯、VOC）	i-Tree Eco，UFORE-B 模型	北京城市公园 187 个样方；每小时污染数据
	灌溉需求	灌溉需水量	经验公式	杨立成（2012）
	绿色垃圾	绿色垃圾生产量（乔木、灌木和草的绿色凋落物）	引用相关文献	刘红晓（2017）

3.5.2.2　社会经济指标

根据谷歌地图手工绘出北京城市公园的位置数据，然后导入 ArcGIS 10.1 中，同时把从天安门广场到每个公园距离在 GIS 中计算出来。每个公园所在区的人均 GDP 和居民可支配收入通过统计年鉴获得。人口数据从统计局获得，统计到街道尺度，具体见表 3-4。

表3-4　社会经济指标和数据源

社会经济指标	数据源
建设时间	北京市园林绿化局
位置	北京市园林绿化局
单位面积GDP	北京市统计局
人口密度	北京市统计局
居民可支配收入	北京市统计局
到城市中心距离	百度地图，谷歌地图，ArcGIS 10.1

3.5.2.3　野外调查与数据获取

野外调查于2015年6～7月在北京进行。根据研究目的，将城市公园分为四类：综合公园、历史文化公园、郊野公园和社区公园（含体育公园、儿童游乐园）。对每一类公园进行分层抽样。一共建立了187个样方，其中综合公园样方55个、历史文化公园样方37个、郊野公园样方56个、社区公园样方39个。调查内容根据i-Tree Eco的操作手册确定。

3.5.2.4　数据分析

以上四类公园的生态系统服务和负效应的差异性通过ANOVA进行检验。对不同公园的主导服务功能和负效应用Canoco 5进行排序分析。服务功能和负效应的相关关系以及与社会经济人口因子的相关关系通过相关分析检验。服务功能和负效应的综合指标用全排列多边形综合图示法进行处理和计算。

3.5.2.5　主要研究结果

1）不同种类城市公园生态系统服务正效应和负效应

研究结果表明，历史文化公园和社区公园碳储量最高，约为58.28 t/hm²，所有公园的平均碳储量为38.33 t/hm²。2013年北京城市公园径流调节量为445 000 m³，历史文化公园和社区公园的径流调节量最大。通过干沉降空气污染物的削减量为392.13 t，其中CO、NO、O₃、PM₁₀、PM₂.₅和SO₂的吸收量分别为12.19 t、62.19 t、130.80 t、108.8 t、35.91 t和42.24 t，社区公园和历史文化公园单位面积对各种污染物的吸收量大于其他公园。北京城市公园植被的平均净初级生产力为1.95 t C/（hm²·a），社区公园的净初级生产力最高，郊野公园的净初级生产力最低。综合公园的可达性指数和美学价值得分高于其他公园。历史文化公园的本地物种比例最高。

北京公园绿地的单萜、异戊二烯和VOC每年排放的总量分别为40 071.21 kg、150 976.49 kg和191 047.7 kg，单位面积平均排放强度分别为4.75 kg/（hm²·a）、

20.75 kg/（hm^2·a）和25.50 kg/（hm^2·a），其中历史文化公园和社区公园单位面积的排放强度较大。北京公园绿地每年绿色垃圾产量为221 515.43t，单位面积产量平均为30.37t/（hm^2·a），郊野公园和社区公园单位面积绿色垃圾生产量比较高。

总体来看，综合公园具有较高的可达性指数和美学价值得分；郊野公园具有较高的绿色垃圾生产量和灌溉需水量；历史文化公园和社区公园有较高的有机挥发物排放、碳储量、净初级生产力、潜热吸收、径流调节量、空气污染削减量和本地物种比例（图3-7）。

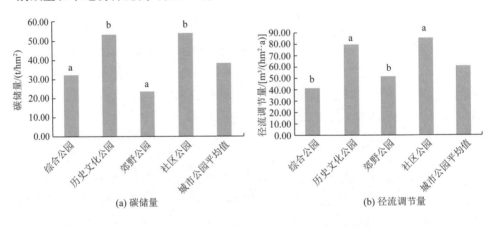

(a) 碳储量

(b) 径流调节量

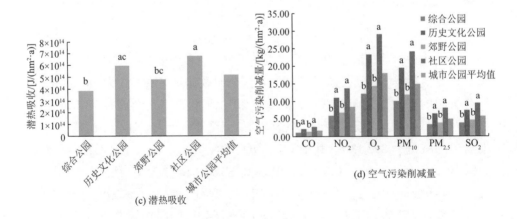

(c) 潜热吸收

(d) 空气污染削减量

图3-7　不同类型城市公园的生态系统服务与负效应比较

图中字母表示数据间的显著性差异，字母完全不同表示两者有显著差异，
只要有一个字母相同就表示没有显著差异

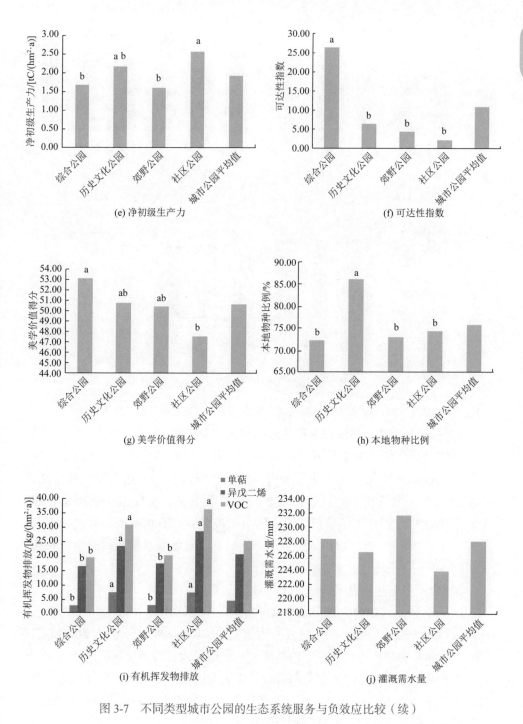

图 3-7 不同类型城市公园的生态系统服务与负效应比较（续）

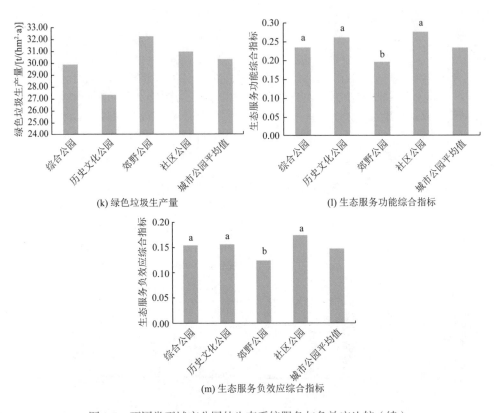

(k) 绿色垃圾生产量

(l) 生态服务功能综合指标

(m) 生态服务负效应综合指标

图 3-7　不同类型城市公园的生态系统服务与负效应比较（续）

2）城市公园生态系统服务正负效应相关性及权衡

研究结果表明，调节服务与净初级生产力正相关，净初级生产力和多数服务功能指标正相关。在文化服务中，美学价值得分和可达性指数成正比，和本地物种比例负相关。可达性指数和径流调节量、空气污染削减量正相关，本地物种比例和碳储量正相关。就负效应而言，有机挥发物排放和调节服务、净初级生产力、美学价值得分呈正相关，灌溉需水量和潜热吸收正相关（图 3-8）。

3）公园生态基础设施管理方法与对策

（1）不同公园主导服务功能与管理对策。由于树木较大的叶面积和胸径，社区公园和历史文化公园在自然服务功能（如碳储量和吸收）方面效应较高，这些调节服务为居民提供了较好的微环境，但是公园管理者应该采取如树种选择等方法减少植物源有机挥发物的排放。综合公园和郊野公园面积比较大，并且有更多的景观美化物种，因此，其文化服务功能较大。为了提高环境质量，遏制城市无序扩张，北京开展郊野公园运动，2007～2009年，北京建成了41

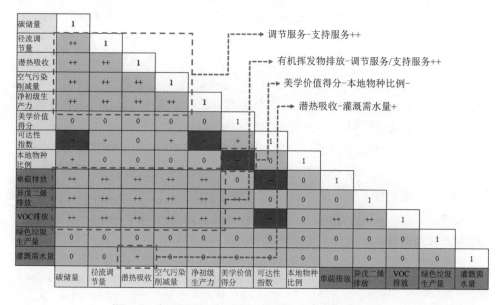

图 3-8　公园绿地生态系统服务正负效应相关性及权衡

++ 表示两者显著正相关，+ 表示两者正相关，0 表示两者不相关，- 表示两者负相关

个郊野公园。然而，郊野公园的服务功能并不像规划者期待的那样，它们的自然服务功能是比较低的。导致这个现象的一个重要原因是郊野公园缺乏管理，病虫害比较严重。虽然郊野公园的建设迅速发展，但是后期的维护资金不到位。不同公园的主导服务功能和规划者、居民的需求之间存在差异，生态系统服务供给和需求之间也存在差异。本书的调查结果表明，居民对服务功能的需求重要性排序如下：运动、休息、自然互动、带孩子、乘凉。因此，不同利益相关主体（政府、规划者、公众、专家）的参与对建设可以满足居民需求的有效的公园系统很重要。

（2）公园生态系统服务正负效应关系与管理对策。城市公园植被可以直接或者间接地影响城市空气质量。一方面，绿地可以净化空气；另一方面，植物源有机挥发物的排放可能带来新的污染。物种有机挥发物排放具有特异性，选择低 VOC 排放物种，减少 O_3 和 CO 形成是管理 VOC 排放的主要手段，如选择侧柏、楸树、榆树等。目前，基于土地利用变化对多种生态系统服务协同和权衡的研究已有一些进展（Howe et al.，2014；Mouchet et al.，2014）。例如，山区农田的开垦导致了水土保持服务功能的下降。我们的研究表明，在生态系统内部，多种服务功能和负效应之间也有协同和权衡的变化趋势，如调节服务与净初级生产力是协同关系，有机挥发物排放和调节服务、净初级生产力正相

47

关，潜热吸收和灌溉需水量正相关。生态系统服务正负效应之间的变化机制与多种服务功能协同与权衡作用的机制相似：①生态系统服务正负效应源于相同或者相关的生态过程；②生态系统服务正负效应是同一个管理措施的后果。例如，植物源有机挥发物的排放和调节服务都很大程度上依赖于叶面积和生物量，增加或者减少生物量的措施，如修剪会导致污染气体排放和调节服务的同向变化。热岛效应缓解和植物蒸腾耗水是一个生态过程的两个方面。由于生态系统服务正负效应的协同变化，公园管理过程中一种服务功能的增加可能会导致另一种负面效应的增加。通过树种选择可以调节不同服务功能之间的关系。例如，不同植物种类的 VOC 排放系数不同，植物源有机挥发物的排放和空气污染物移除可以通过选择低 VOC 排放的物种，同时增加叶面积得到。另外，研究发现本地物种比例与美学价值得分之间存在负相关关系。不难理解，公园中外来物种的引进主要是起到提高景观美学的作用。本地物种往往更能适应当地的环境，管理成本低，生态功能强，在公园管理中应该协调好景观美学和生态服务的关系。

（3）生态系统服务与社会经济条件。生态基础设施的服务功能与社会经济因子具有复杂的相互作用关系（如遗产效应、城市化历史、管理措施和资源可得性等）（Wang et al.，2016）。对生态系统服务供给与社会经济因子相关过程的研究将有利于我们理解生态系统服务在复杂的城市环境中的变化机理，并且为生态系统服务的管理提供理论支持（Muñoz-Erickson et al.，2014）。

到城市中心的距离反映了城市化的梯度和不同阶段，同时到城市中心的距离也呈现了人口密度和经济水平的渐变梯度。研究表明，随着与城市中心的距离增加，生态系统服务呈现先减少、后增加的趋势，即城市中心以及周边的公园具有更高单位面积的生态系统服务，而新城市化地区公园的生态系统服务密度较低。这个结果和以往的研究结果相似，如 Yang 等（2005）发现，北京的植被碳储量二环高于三环和四环。Howe 等（2014）发现，城市中心和外围的绿色空间是多种生态系统服务的热点区域。城市－农村交错带是典型的生态交错带，这个边界物质能量交换剧烈，是城市化过程中土地利用变化剧烈的地区，高生态系统服务的林地、湿地和农田转化成低生态系统服务的建设用地。由于城郊的绿色基础设施具有较高的生态系统服务，又很容易受到城市化的影响，因此，这类公园生态基础设施应该是保护的重点。城市中心内部的公园多按照城市公园的标准管理，作为永久性的绿地保留下来，并且管护投入较多。然而城郊结合部的郊野公园常常受到建设用地的侵蚀，管理也不到位，因此这类公园的保护和建设应该受到更多的关注。

综合公园、历史文化公园、郊野公园和社区公园的主导服务功能不同，社区公园和历史文化公园在调节服务和支持服务方面表现较好。然而，公园管理者应该采取措施，如通过树种选择来减少植物源有机挥发物的排放。综合公园和郊野公园就文化服务而言自然服务功能更高，但是郊野公园的自然服务功能较低，应该采取病虫害控制以及植被抚育等措施来提高郊野公园的服务功能。

研究结果表明，公园绿地生态系统服务和负效应正相关。因此在公园管理中，需要理解生态系统服务管理过程中可能的负效应，并且通过有效措施（树种选择、结构优化等）来缓解负效应。富裕和早期城市化的城市中心地区以及城郊边界单位面积服务功能较高，这些生态基础设施应该继续得到保护和修复。另外，低收入人群地区生态系统服务的可得性较差，应该给予这部分人群更多的服务功能供给。

3.6　基于居民访问行为的社区尺度公园生态基础设施管理案例

3.6.1　研究区概况

本书研究区域为北京 G45、S32、G7 高速公路和地铁 13 号线四条交通线路围绕的区域。这个区域在 2008 年奥运会时，环城的林带被建设成一系列公园。全市范围的调查更能体现北京整个城市的情况，但是由于时间和人力限制，本书将研究区域设计在相对较小的范围内。另外，本书的研究目的是得到公园绿地与居民休闲游憩、运动和心理健康的关系，并不是得到全市尺度的结论。研究区内的公园包括奥林匹克森林公园、朝来森林公园、立水桥公园、黄草湾郊野公园、勇士营郊野公园、清河营郊野公园、碧水风荷公园、东升八家郊野公园、燕清体育文化园、朝来农艺园、东小口森林公园、西三旗绿带公园、永泰绿色生态园、仰山公园、北辰绿色中央公园。

3.6.2　调查问卷设计和数据收集

本书作者在研究区内进行了入户调查，在调查之前，先做了 30 份预调研问卷，对调查问卷语言的可读性、语义明确性和大众接受性进行了测试，并做了相应修改。每个调查大约用 20min 完成。调查内容如下。

（1）居民对公园服务功能需求与限制因子调查。为了获取多样性的回答，公园使用的动机和阻碍因素通过开放性问题获得。问题表述如下："您去公园最重要的 3 个原因是什么？""阻碍您去公园最重要的 3 个因素是什么？"

（2）自变量调查。

（3）社会 - 经济 - 人口因素调查：性别、年龄、收入、受教育程度、职业、家庭人口数量、是否有学前儿童。

（4）环境因素调查：包括受访者居住的小区特征和居家周围公园的特征。小区特征包括小区的容积率、绿化率和房价，这三个指标通过查询房地产公司的网站得到；小区周围 500 m、1000 m 和 1500 m 范围内公园个数通过高德地图获得；最近公园的路网距离通过高德地图的路径查询获得，同时记录了中间经过的路口数。

（5）居民个人因素：包括居民休闲时间的可得性、居民在社区绿地滞留的时间和居民对访问公园的态度。居民休闲时间的可得性和居民在社区绿地滞留的时间通过调查周末、工作日的工作和休闲时间获得，自我感知的忙碌程度为 1 ～ 5 分，1 分表示工作轻松，有富裕的休闲时间；5 表示工作非常忙碌，没有休息时间。居民对访问公园的态度借用了心理学模型，该模型将影响个人态度的因子分为三个维度，分别为认知、情感和行为。认知维度指的是和逻辑、推理、意识相关的，有目的的分析和判断。情感维度指的是个人对事物的感受，是更为隐含的因素。行为维度是指以前的对类似或者相关经历的印象，这一部分是形成对某一个事物态度的重要因素（Joshua et al.，2013）。这部分调查的问卷设计了 6 个问题，用 SPSS 进行信度检验，Cronbach's α 是 0.71。信度检验指的是对问卷结构信度的检测，通常情况下 Cronbach's α 在 0.6 以上，被认为可信度较高。

3.6.3　主要研究结果

3.6.3.1　居民访问公园描述性统计

本研究发出了 800 份调查问卷，收回 578 份，收回率为 72.25%。48.5% 的参与调查者是男性，78.9% 的参与调查者是 40 岁以下的人群；72.7% 的人有大学学历；调查中共有 7 个职业类型，其中企业员工占 35.1%，事业单位和政府部门工作人员占 19.6%，退休人员占 7.5%；57.3% 的人处于中等程度收入人群（月收入 3000 ～ 10 000 元）。

城市生态基础设施评估与管理

3.6.3.2　居民访问公园的动机与限制因素

在居民访问公园动机的调查中，对于功能性需求如在公园中运动、休息、带孩子和亲友聚会，占所有调查动机的70%。然而，更高级的需求，如美学、舒适性和愉悦身心的需求占到了30%。本研究和前人的研究结果类似，居民访问公园的动机中，运动、与自然互动和带孩子是访问公园的主要目的。因此在公园的设计中，应该增加健身设施，如健身步道、林荫路、聚餐或者野餐的地点、滨水的座椅等。另外公园的设计中应该考虑建设一些儿童游乐中心，满足带小孩的居民的需求。在定性的开放性问题中，时间限制是制约居民使用公园的首要因素。然而，在后续的定量研究中，休闲时间和居民访问公园的频率没有显著关系。这表明，人们并不是太忙而不去公园，而是公园并不是人们首选的地点。定量研究与定性研究之间的分歧表明居民填写的限制因子可能并不是实际限制居民使用公园的因素。

3.6.3.3　社会经济因子、环境因子和个人因子对访问公园的相对重要性

国内外社会经济和文化存在很大差异，本研究发现影响居民使用公园的因素和其他国家的研究结果相似。环境因子和个人因子都与居民公园访问显著相关，但是居民个人因素对结果中变异内容的解释度更大，这与其他的研究结果也比较吻合。Patnode等（2010）研究发现对于运动的信念（自我效能、目的、态度、主观规范）是影响居民运动的主要因素，其对结果的解释度达到10%，而环境因子的解释度只有6%～8%。和以往研究结果相似，女性使用公园频率比较低（Kindal and Stephanie，2010；Delfien et al.，2013）。而且，限制男性和女性访问公园的因素也不同。相比于男性，女性更容易被缺少同伴、缺少设施、害怕遇到犯罪分子和对公园不感兴趣等因素限制。

3.6.3.4　社区绿地对访问公园的影响

在环境因子中，绿化好、房价高的社区的居民访问公园的频率比较低，可能的原因是社区绿地可以代替公园的功能，因此减少了居民去公园的频率。然而，这个推测与居民在社区绿地中滞留的时间和居民使用公园的频率正相关的结果矛盾。Pearson相关分析表明，社区绿地率与居民在社区绿地滞留的时间、使用公园的频率呈现负相关（$p < 0.05$）。这个结果可能是由以下因素造成的：①绿容率高的小区房价往往比较高，住在这些小区里的人，有更好的经济条件，可以支付有偿的休闲活动。本研究中，在月薪超过1万元的居民中，有24%的居民参加了有偿的休闲活动；而在月薪低于6000元的居民中，只有

7% 的人参加了有偿的休闲活动。②收入高的人群，工作的时间往往比较长，使用公园的频率会降低。以往的研究表明收入是对居民是否使用公园影响最显著的因子，高收入的人往往有更少的休闲时间（Dino et al.，2013）。

有趣的是，居民在社区绿地中滞留的时间没有减少其对公园的使用。相反，社区绿地的使用与公园的使用呈正相关。虽然文献中有提到社区绿地对公园绿地的替代作用，一些定性分析的文献中（包括本研究调查问卷的开放问题）都提到了社区绿地对公共绿地的替代性，然而本研究的数据以及其他定量的研究却发现居民在社区绿地滞留的时间和访问公园的时间正相关（Church et al.，2014；Lin et al.，2014）。

有些研究发现了居民居住的环境会影响居民的运动和行为（Sallis et al.，2015），有可能好的社区环境培养了居民户外运动的习惯，从而增加了对公园的使用频率；也有可能是这些人对户外活动有强烈的喜好，导致其对社区绿地和公园绿地的使用频率都很高。另外，城市公园提供的服务功能优于社区绿地，如公园面积较大，景观美学效果较好（Church et al.，2014）。社区绿地和公共绿地的关系不是相互替代，也不是完全相同的，两者是相互补充的关系。在城市绿地生态基础设施的规划和设计中，要合理配置两者的比例，以满足居民休闲游憩的需求。

3.6.3.5 居民访问行为对公园可达性的敏感性分析

本研究将居民每月访问公园的次数定义为访问频率，分为 0 次、1～3 次、4～6 次、7～10 次、11～20 次和 20 次以上 6 个等级；同时定义了 0～3 次、4～10 次和超过 11 次分别为不经常访问群体、中等程度访问群体和频繁访问群体三个层次，如果可达性变化引起了 10% 的人数变化，就认为居民对这个可达性距离比较敏感。研究结果表明，不经常访问公园群体和经常访问公园群体对于可达性距离从 500 m 上升到 1000 m 并不敏感。但是当这个距离超过了1000 m，不经常访问公园群体的比例大量增加。经常访问公园群体对可达性从 500 m 增加到 1000 m 并不敏感，但是当可达性上升到 1000 m 时，人群中经常访问公园群体的比例快速下降。中等程度访问公园群体对可达性距离的变化并不敏感，但是内部的比例（等级 3 和等级 4[①]）有很大的变化。这个趋势表明，可达性对不同程度访问公园群体的作用不同，因此对于不同的人群应该采取不同的策略。对于不经常访问公园的群体，提高其对访问公园的兴趣比较重要；而对于中等程度的访问者，保证在社区附近 500 m 范围内有公园比较重要；对

① 等级 3 指居民每月访问公园 4～6 次，等级 4 指居民每月访问公园 7～10 次。

于经常访问公园的人，在 1000 m 范围内提供公园的策略比较重要。因此，假设 500 m 范围内有可达的公园将满足多数人的需求。在理想的可达性范围内，访问公园的频率是 9.9 次/月，当这个距离增加到 500～1000 m 和 1000 m 以上时，访问公园的频率分别下降到了 6.9 次/月和 4.1 次/月。本研究中只有 5% 的居民在 500 m 范围内有可达的公园，49% 的居民在 500～1000 m 内有可达的公园，46% 的居民在距离家 1000 m 内的范围有可达的公园。因此研究区内公园的供给还不足以满足居民的需求，需要更多可达性的公园满足居民休闲游憩的需求。鉴于 65% 的人群对 1000 m 内是否有公园比较敏感，因此可以将 1000 m 作为规划和建设公园可达性服务半径的参考值。

研究发现，距离等级比实际距离与访问公园的相关性更好。这可能是由可达性对居民访问公园影响的非线性决定的，即公园的可达性在一定范围内可以促进公园的使用，而超过了这个距离，对居民使用公园的影响就会比较小。以往的研究表明，距离社区 250～500 m，公园的可达性和公园使用正相关，但是距离社区 500～1000 m，公园可达性与居民使用公园没有显著关系（Lin et al.，2014）。

3.6.3.6 居民个人态度因素对访问公园的影响分析

以往的研究表明了态度因子对于居民行为的重要性。Lin 等（2014）发现居民对自然的态度比公园可达性更能解释居民使用公园的行为、去公园路上花费的时间和在公园中停留的时间。Joshua 等（2013）发现了公园的使用者和非使用者的态度有显著性差异。因此改善居民访问公园的态度是比单纯建设可达的公园更有效的措施。居民访问公园的体验（愉悦性）、对待自然的态度以及生物中心主义观点显著影响公园访问者态度的形成（Joshua et al.，2013）。因此，培养人们对待自然的态度以及改善公园使用者的体验将会改善居民对公园的态度。虽然现在很多研究证明了心理因素的重要性，但是，对于态度的测量还是未解决的问题。Lin 等（2014）采用自然关联度（nature-relatedness）分数来表示人们访问公园的倾向。这样的指标有一定道理，但是这并不能完全表示居民对公园的态度，因为很多人来公园，不仅为了接近自然，还为了健身或者与亲友聚会。因此，对居民访问公园态度形成的相关评价还有待于进一步研究。

公园生态基础设施对提高城市居民生活质量有重要作用，本研究探讨了社会经济、环境、个人三个维度的因素对居民使用公园频率的相对影响，此类研究在我国还比较少。本研究发现：①居民使用公园的目的主要是基础的功能性需求（运动、放松和带孩子等），而不是较高级的需求如美学和舒适度需求等；②尽管定量研究中，时间限制被认为是影响访问公园的主要因素，但定量研究结果表明，时间和公园的使用没有显著的相关关系；③环境和个人因素与公园使用相关，但是个人因素，尤其是态度因素与公园的访问频率的相关性最大；④公园的使用频率与公园的可达性正相关，但是可达性对不同程度访问公园的群体（不经常访问公园群体、中等程度访问公园群体和经常访问公园群体）的影响不同；⑤社区绿地和公共绿地的关系并不是彼此取代的关系，在社区绿地中滞留的时间和公园使用呈现正相关。

本研究对未来城市公园管理的启示包括：①和美学价值相关的设施相比，功能性设施如遮阴的小路和儿童游乐中心等在公园的规划设计中应该予以更多考虑；②改善居民对访问公园态度的措施，如增强居民的自然意识，提高居民访问公园的体验感受有助于形成积极的访问公园的态度；③研究区公园的数量仍然不足以满足居民的休闲游憩要求，在距离社区 1000 m 的范围内有公园对居民访问行为影响比较大，可作为规划和设计依据；④居民态度对访问公园的频率影响较大，因此居民态度形成的研究应该整合到公园访问的研究中，通过改善居民态度和调控居民行为来增加访问公园的频率。

3.7 基于公共健康服务的社区尺度城市公园生态基础设施评价案例

3.7.1 研究区域与调查设计

本研究采用国际体力活动问卷（international physical activity question-naire，IPAQ）工具。该调查工具在运动医学领域得到了广泛的应用，其在中国应用的有效性也得到了相关研究的证实（Craig et al.，2003；Jia et al.，2012；Wang et al.，2013）。该调查工具详细记录了最近一周的居民运动情况，包括运动种类、运动强度和持续时间。运动强度被划分成三类：高强度运动（如短跑、篮球、足球等）、中等强度运动（如走路、散步）和低强度运动（如静坐）。在这个调查问卷的基础上，本研究又增加了两个问题，调查了中等强度运动中以休闲为目的的散步和通勤产生的步行情况。

不同强度的运动带来的健康益处不同，如剧烈的篮球运动的体力消耗要远远大于走路。为了增强可比性，通过运动代谢当量法（metabolic equivalent of tasks，METs）换算成中等到剧烈的体力活动（moderate-to-vigorous physical activity，MVPA）。美国运动医学会（American College of Sports Medicine，ACSM）提出，作为衡量居民运动量水平的一个常用指标，一般保持健康的标准是成年人每周 2 ～ 3 次 30 min 中等强度的运动量。运动代谢当量法首先计算单位人体重量不同运动强度水平单位时间内运动消耗的氧气量，如一个成年男性，一个小时的轻度运动的代谢当量是 2.0 ～ 3.9 METs，一个小时的为中等到剧烈的体力活动的代谢当量是 3.5 METs。在本研究中，为了便于比较，所有的运动形式都转化为中等到剧烈的体力活动。

3.7.2　主要研究结果

3.7.2.1　公园促进居民运动量

本研究收回了 308 份问卷，回收率为 38.5%。总体来看，48.5% 的参与调查者是男性；80.6% 的参与调查者是 40 岁以下的人群；77.1% 的参与调查者有大学学历；调查中共有 7 个职业类型，其中企业员工占 39.3%，事业单位和政府部门工作人员占 21.8%，学生占 8.9%；57.0% 的人处于中等程度收入人群（月收入 3000 ～ 10 000 元）。参与者平均的运动水平为 93.2min/d，其中中等强度运动、高强度运动、通勤产生的步行和休闲运动分别占 9.4%（8.8min）、13.9%（13.0min）、44.7%（41.6 min）和 32.0%（29.8 min）。调查中女性比男性的运动量更大，但是这个趋势并不显著。11 ～ 20 岁和年纪更大的人（51 ～ 60 岁）运动量显著高于其他群体。随着教育水平的提高，居民的总运动、通勤产生的运动量、休闲产生的运动量都下降。职业和运动量没有显著关系，但是退休的老年人，学生和低收入群体运动总量较大。

公园访问者占到了样本的 39.9%，公园使用者比非使用者总的运动代谢当量多 34.33min，除了通勤产生的运动量，其在总运动量、中等强度运动、高强度运动和休闲运动均大于公园的非使用者。有可能公园使用者本身比较喜爱运动从而导致更多的公园使用和相关的运动量产生。也有可能是社区周围有公园，为居民提供了休闲运动的场所，而导致了高的运动量。虽然不能证明公园和居民运动量之间是因果关系，但是本研究和大多数的研究结果一致，即公园使用者往往比非使用者有更高的运动量（Joshua et al.，2013）。

3.7.2.2　公园改善居民心理健康

用 0 ～ 100 分表示居民访问公园后各项心理健康指标的提高程度，结果表明访问公园后居民的心理健康水平均有不同程度的提高。其中自我感知的自信程度提高最大，其次是体力得到恢复，自我感知的健康水平提高，情绪得到修复、心情得到放松。不同的指标之间有显著的差异，说明访问公园后居民的心理健康得到了改善。

3.7.2.3 公园可达性、使用公园与居民运动的相关性

社区绿地与公园绿地对居民运动量的促进作用在以往的研究中已经讨论过了，国家体育总局在 10 个省份对 43 629 个样本的调查结果显示，23.7% 的居民在社区进行身体锻炼，而 10.9% 的居民在公共绿地进行锻炼。社区绿地比公园具有更好的可达性，尤其针对老人、带孩子的家长和残疾人士这些对可达性更加敏感的群体，社区作为锻炼场所的优势比较明显。除此之外，社区绿地还提供了邻里相互交流的机会。但是公园有多样性的景观，有更大的绿地面积。本书的研究结果表明，这两种绿地都与居民运动量呈显著的正相关，因此应该合理配置，以满足居民休闲锻炼的需求。

以往定性研究报道的最常见的运动限制因子和公园使用的限制因子是时间限制，但是定量的研究很少分析时间与居民运动、使用公共绿地的相关性。本研究表明了休闲时间缺乏确实是限制居民运动的因子，这种限制因子可以通过建设更多可达性的绿地或者健身场所弥补，如有些研究表明，对于都市人群，工作单位的绿地和运动设施也是居民进行体育锻炼的载体。

3.7.2.4 公园提高访问者心理健康水平的机制

本研究将在公园中的运动划分为四类，即在公园中参加体育锻炼、与自然交互、科教文化互动和集体休闲活动，就效应值、与之相关的心理健康的种类而言，在公园中进行体育锻炼带来了更多的健康益处。以往的研究证明了在自然背景下运动的协同效应，Kaczynski 等（2014）研究了在绿色空间中进行体育锻炼比进行静态的活动能够带来更多的愉悦感，但是带来了更少的休息和精力恢复的时间。本书的研究结果从侧面证明了自然背景中运动的协同效应，即在自然背景下，参加体育运动比进行其他类型活动带来更多的心理健康益处。但是，也有一些研究发现，运动类型、强度和持续时间与自我感知的情绪水平没有显著关系（Pretty et al.，2007）。对于心理健康水平的测量方法的不确定性和主观性是导致结果不同的一个原因。鉴于大多数的研究表明在绿色空间中运动具有协同效应，在公园和公共绿地的设计中，应该设计一些爬山路、运动器材设施等运动设施与广场等场所。

第 *4* 章

城市湿地生态基础设施的系统评估与适应性生态管理方法

4.1 湿地生态基础设施复合生态管理方法

4.1.1 湿地生态系统管理

湿地生态系统管理主要是通过调整湿地生态系统物理、化学和生物过程，保障湿地生态系统的生态完整性和功能可持续性。湿地生态系统管理一方面针对湿地生态系统本身功能和过程；另一方面，也包括引起湿地生态系统过程发生变化的自然、人为因素，这两方面对湿地生态系统结构和功能影响都较大。

湿地生态系统管理要正确理解湿地生态过程和功能完整性，湿地是以自然生态系统为依托，但是受人类活动影响较大，湿地生态系统是复杂的社会－经济－自然复合生态系统。我们不仅对湿地自身生态系统进行管理，也要对湿地生态过程的"源"（产生）、"流"（迁移）和"汇"（汇集）过程进行管理，因此提出了湿地"源－流－汇"复合生态管理模式。

对于湿地生态系统来说，湿地的"源"景观指湿地生态系统自然物质和环境副产物的来源，"源"景观指农田、城市、森林、草地、农庄等。湿地的水量来源以及物质输入（沉积物、氮磷、重金属等）有明显的流域边界特征，如降水产生的径流，农田径流中的营养物质，土壤侵蚀产生的泥沙都是从流域产生。湿地"源"过程管理指对湿地所在的流域农田、林地、草地等"源"景观进行管理，"源"过程管理在流域尺度受管理政策、经济发展等影响比较大。

湿地的"流"过程管理指迁移过程的管理，是湿地复合生态管理的中间环节，"流"景观指传输营养物质和水量等的农田沟渠、城市管网、低洼地区或其他地区。"流"在迁移过程中由于物理、化学和生物作用，水量和物质都会发生变化。

湿地的"汇"过程管理指对湿地本身生态系统进行管理，上游的泥沙、营养物质等迁移转化最终汇集进入湿地，因此湿地景观本身是"汇"景观。"汇"过程的管理是湿地复合生态管理的最终环节。最终建立"源－流－汇"全过程管理模式，通过源头控制、过程阻断、末端恢复减少人类活动、城市开发对湿地生态基础设施的影响（表 4-1）。

表4-1　湿地复合生态管理前后对比

景观	管理前			管理后		
	组成	功能	主体	组成	功能	主体
源	污染源	产污	农田、草地、林地、建设用地	营养源	净化	农田、草地、林地、建设用地
流	沟渠、城市管网、排水洼地	迁移	沟渠、城市排水管网	人工渠、生态渠	传输、迁移、净化、生存储	生态渠、生态基础设施
汇	污染汇	汇集	湿地	净化汇	排放、转化、净化、受纳	湿地

4.1.2　管理边界及尺度特征

生态系统管理很重要的一个方面是管理边界（范围）的选取，"源"的管理主要是对农田、草地、林地等景观的管理，湿地的"源"具有明显的流域边界，同时湿地的水土保持、产水量、污染净化这些生态系统服务也有流域特征。因此对"源"管理选择流域作为边界。"流"的管理是对起迁移作用的排水过程管理，包括城市排水和农村排水。选择问题较为复杂的城市排水进行管理，社区是城市排水的重要单元，因此在"流"管理方面选择社区作为排水过程的管理边界。"汇"管理对城市湿地进行管理，选择城区边界为管理边界。

4.1.3　湿地生态基础设施复合生态管理方法

王如松和欧阳志云（2012）提出的复合生态管理是通过生态辨识和系统规划，运用生态学原理和系统科学方法去辨识、模拟和设计湿地生态系统内的各种生态关系，探讨改善湿地系统生态功能，促进人与环境关系持续发展的可行的调控对策。在管理途径上，其吸取了系统规划及灵敏度模型的思想，建立了包括辨识－模拟－调控－管理等在内的复合生态管理方法。

4.1.3.1　湿地生态基础设施"源"生态管理

湿地生态过程的"源"是农田、林地、草地和建设用地等景观，这些用地的面积和格局变化会导致湿地生态过程的变化。"源"生态管理进行问题辨识，土地利用是引起流域生态过程变化的主要因素，流域内生态过程和水文过程的变化都会深刻影响湿地的水文过程和环境状况。"源"生态管理辨识流域生态格局/过程变化的水文效应、流域生态格局/过程变化的水质效应以及流域尺度上生态水文过程变化对水域水生态的综合影响。通过采用生物物理模型模拟土地利用格局调整对流域水文过程和生态过程的影响，得出流域土地利用的调控对策。管理目标是通过合理地布局土地景观格局让营养物质尽可能地截留，不会产生富余的营养物质、泥沙等对湿地造成损害的物质。"源"生态管理框架见图4-1。

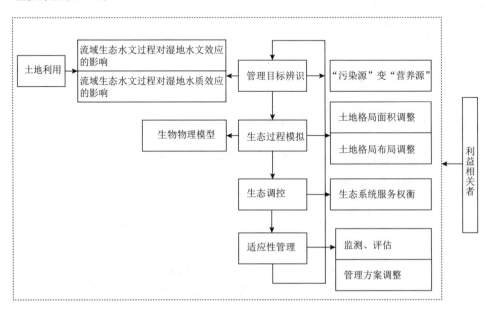

图 4-1　湿地生态基础设施"源"生态管理

4.1.3.2　湿地生态基础设施"流"生态管理

湿地的"流"生态管理是对迁移过程的管理，主要表现为自然排水和城市排水的管理。选择城市排水为研究对象进行研究。城市目前的排水依靠传统的快排为主，但城市化后，城市水文循环被改变，城市快排模式导致城市洪涝灾害、水环境恶化以及城市水资源短缺等一系列问题，因此"流"生态管理目标需维持城市自然循环和城市良性水文循环。通过构建城市生态基础设施，在降雨时就地吸纳、调蓄、渗透、净化雨水，补充地下水、调节水循环；在干旱缺水时可将储蓄的水释放处理，并加以利用。"流"生态管理框架见图4-2。

4.1.3.3　湿地生态基础设施"汇"生态管理

由于污染、围垦、水资源过度利用等，湿地水环境恶化，生态功能下降，生物多样性减退。因此从湿地生态系统健康目标出发提出湿地"汇"生态管理。

通过湿地生态修复提高湿地生态系统作为生物栖息地的质量，改善湿地水质是"汇"生态管理的主要内容（图4-3）。

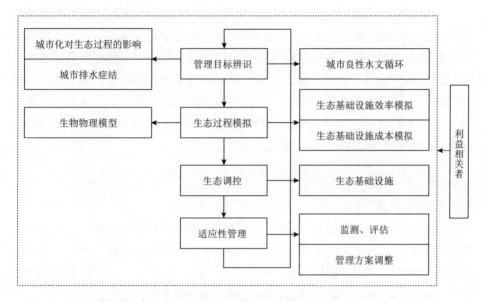

图 4-2　湿地生态基础设施"流"生态管理

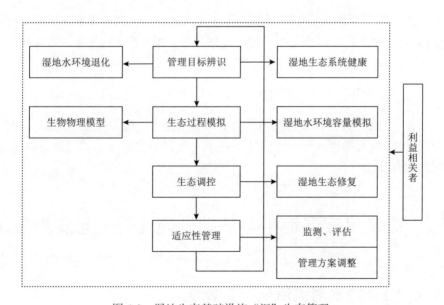

图 4-3　湿地生态基础设施"汇"生态管理

4.1.4 湿地生态基础设施复合生态管理指标体系

为了更好地将湿地生态管理纳入管理决策中，需要构建湿地生态管理的指标体系。湿地生态系统是自然－经济－社会复合生态系统，指标的选取应完整考虑湿地生态过程，以维持湿地系统的持续性。湿地生态管理的指标要能反映生态系统的结构和功能，辨识已发生或可能发生的各种变化，通过指标的设置能诊断出胁迫因子和预警因子。指标的选取遵循以下原则：①选取和人类活动密切相关的指标；②基于生态管理过程的指标选取；③指标具有可获得性；④管理指标能有相对应的部门操作执行。

4.1.4.1 "源"生态管理指标体系

湿地的"源"包括林地、草地、耕地、建设用地等，"源"生态管理受农业活动和经济水平影响较大，指标的选取从"源"景观用地面积、农业活动等方面进行选取，因此指标的选择包括：①受保护地占土地面积比例；②林草覆盖率（山区）；③化肥使用强度；④林草覆盖率（平原）；⑤化学需氧量排放强度；⑥污水集中处理率；⑦生态用地比例；⑧农业面源污染防治率。

4.1.4.2 "流"生态管理指标体系

"流"生态管理指标主要考虑迁移和排放过程，包括：①农业灌溉水有效利用系数；②市政管网普及率；③雨污分流率；④下沉式绿地率；⑤屋顶绿化率；⑥透水铺装率；⑦绿色建筑比例。

4.1.4.3 "汇"生态管理指标体系

"汇"生态管理指标考虑湿地作为有净化功能和生物多样性的"汇"，包括：①湿地水环境水质达标率；②湿地退化率；③物种多样性；④湿地受胁情况；⑤湿地面积比例。

4.2 流域尺度湿地生态基础设施复合生态管理方法

4.2.1 妫水河流域研究区概况

妫水河流域位于北京市延庆区，处于北京市西北部，四周地势较高，以山地为主，中部地势较低，属平原区。经纬度范围为 40°19′ ~ 40°38′N，115°48′ ~ 116°20′E，海拔在 470 ~ 2173 m，总面积 1003 km²。

4.2.2　研究方法以及数据来源

生态系统服务综合估价和权衡得失评估工具（InVEST）是由美国斯坦福大学、世界自然基金会和大自然保护协会联合开发的生态系统服务评估工具。该模型基于 GIS 模拟土地覆盖对生态系统服务的影响，结合土地利用情景，能够在不同地理尺度和社会经济条件下监测生态系统服务供给的潜在变化以及各项服务之间的关系。

InVEST 从 2007 年发布以来，已经更新了多个版本，本研究所用的为 InVEST 2.5.6。该版本能评估多种生态系统服务，分为两个大的模块，即陆地与淡水生态系统评估模块和海洋生态系统评估模块，其中陆地与淡水生态系统评估模块又可以分为淡水生态系统评估模块和陆地生态系统评估模块。根据流域的实际情况，本研究选取了淡水生态系统评估模块中的"产水量""土壤保持""水质净化"三个子模块。

本研究采用的研究数据包括妫水河流域气象数据、土地利用数据等。

4.2.3　妫水河流域土地利用以及生态过程变化

4.2.3.1　妫水河流域土地利用现状

2011 年，妫水河流域面积为 1003 km²，由于近年来实施较为有效的林地保护措施，林地所占比例最大，达到 573.6 km²，占流域总面积的 57.2%，主要分布在北部山地、丘陵；其次是耕地，面积为 277.3 km²，占流域总面积的 27.6%，耕地类型以旱地为主，水田较少，主要分布在妫水河沿岸以及平原地区；草地面积为 26.1 km²，占流域总面积的 2.6%，主要分布在丘陵、山地；湿地面积为 16.5 km²，占流域总面积的 1.7%，主要分布在平原；建设用地（居民点）面积为 109.5 km²，占流域总面积的 10.9%，主要分布在平原（图 4-4）。

4.2.3.2　流域土地利用变化

从研究的四个时期[①] 看，除了 1986 年，1991 年、2001 年和 2011 年的土地利用类型皆以林地面积为最大，其次为耕地面积（图 4-5）。整体来

63

---

① 从 1991 年开始，土地利用变化的研究时段为 10 年，下一个时段是 2021 年。

看，1986～2011 年，妫水河流域的耕地面积减少了 15.5%，林地面积增加了 19.3%，湿地面积变化不大，而草地面积减少了 10.8%，建设用地面积增加了 7.4%。

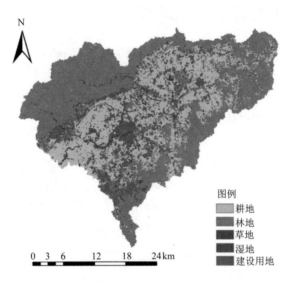

图 4-4   妫水河流域土地利用现状图

土地利用各个时期变化也不相同。1986～1991 年，林地与耕地变化较大，林地增加了 10.6%，而耕地减少了 9.7%。在这期间，建设用地几乎没有变化。1991～2001 年，各类用地变化都不是特别明显，林地有所减少，而建设用地有一定量的增加（图 4-6）。2001～2011 年，耕地减少明显，减少了 9.2%，同时草地也减少明显，减少了 8.8%，而林地增加较为明显，增加了 15%，建设用地也在增加，增加了 3.6%。在各个时期，林地和建设用地总体是一个增加的趋势。

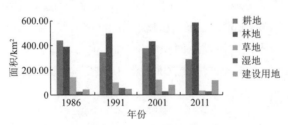

图 4-5   妫水河流域不同年份土地利用变化

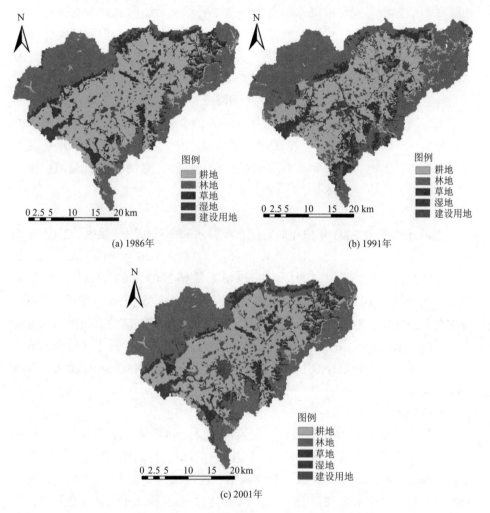

图 4-6　妫水河流域不同土地利用类型的时空分布特征

4.2.3.3　土地利用变化驱动因素

驱动因素是土地利用发生变化的动力，影响土地面积的潜在驱动因素总体上可以划分为自然驱动因素和人为驱动因素两大类。其中，自然驱动因素主要包括气候变化和地下水位变化，人为驱动因素主要包括政策、人口与经济等因素。

1）气候变化

气候条件对土地利用的影响尤其是对流域内湿地的影响主要表现在降水

和温度两个方面。充足的降水是湿地的重要补给来源，降水减少直接导致湿地水资源补给的不足，同时会对湿地植被和土壤产生影响。温度升高会导致蒸散量加大，从而减少了湿地水量。延庆区在1980～1989年平均降水量为433mm，1990～1999年平均降水量为466mm，2000～2011年平均降水量418mm，2001～2007年连续干旱，平均降水量仅为402mm，降水的减少导致了水资源的缺失。2008年降水量为563mm，水域面积增加，水资源匮乏得到部分缓解。延庆区1980～2011年年平均降水量为438mm，30多年来温度呈升高趋势，湿地的蒸散量增加，气候呈现干暖现象，对水资源总量减少也造成一定影响（高洁，2015）。

2）地下水位变化

白河堡水库于2003年停止向官厅水库补水和向延庆农业供水，2004年停止向十三陵水库补水，只向密云水库供水。延庆区的农业和生活用水依靠地下水。延庆区的潜水埋深由1991年的6.9 m下降到2003年的7.5m，2003年地下水平均埋深为14.0m，2012年地下水埋深为17.6m，地下水位下降了3.6m。在雨水下渗增加、地表径流减少的同时，潜水位的下降也减少了河流的基流补给。因此妫水河流域市区范围的地下水大面积过度开采，形成了大范围的地下水漏斗，湿地大面积填补地下水，而反过来地下水补给水源的功能消失，湿地不断地萎缩。

3）政策因素

流域的土地利用变化与政策和发展措施等密切相关，政策因素在土地利用变化的驱动因素中通常难以量化，但往往具有决定性的作用。有研究表明妫水河流域在1975～1985年人工林面积增长速度最快（郭浩等，2006），此时是我国各级政府十分重视荒山绿化工作的时期，政府投入了大量资金及人力开展了全民造林活动。天然林面积增长最快的时期是1985～2000年，在这个阶段社会经济发展迅猛，导致生态环境问题日趋严重，国家开始重视生态环境整治，特别是森林植被的保护和建设，于是封山育林措施得到了足够重视和全面贯彻执行，天然林保护工程得到了全面落实，致使天然次生林面积有了非常显著的增加。因此可以看出，妫水河流域土地利用的变化与国家和地方政策有着十分密切的关系。

4）人口与经济因素

随着人口的增加，农业用地、草地、林地都发生了剧烈的变化，这是由于随着人类活动干扰加剧，人类对土地利用类型的改造更加频繁，从而驱动着这三种土地利用类型之间更加频繁的相互转化。根据延庆区第六次人口普查结果，其 2010 年常住人口为 31.7 万人，与 2000 年第五次人口普查结果相比，10 年共增加 4.2 万人，增长了 15.3%。平均每年增加约 0.4 万人，年均增长速度为 1.4%。随着人口的增长，耕地、草地和建设用地发生剧烈的变化，2000 ~ 2011 年，随着人类活动的加剧，建设用地增加。同时这段时间经济的增长，使得人口越来越多地向城镇聚集，城市化水平逐渐升高，对居住、商业、交通等建设用地的需求也在增加，从而使农田、草地等地类向建设用地转化。

4.2.4 流域水生态过程变化

4.2.4.1 产水量

妫水河流域产水量 1986 ~ 2011 年变化如图 4-7 所示，1986 ~ 2011 年，流域产水量总体呈现减少的趋势，2011 年相对于 1986 年减少了 57%。近三十年来，官厅水库为了防止上游水土流失，采取植树造林、退耕还林等措施，林地具有更大的水分蒸散能力，单位面积的林地比其他地类能散失更多的水分。再则，产水量跟降水有关系，2011 年降水量最少，2001 年也较少，年降水都不到 400mm，因此产水量也较少。同时，延庆区为了大力发展旅游业，在城区内建成了"妫水""夏都"等滨河公园，为了增加公园内水体面积，在河道中修建橡胶坝拦截河水。水面面积增加近 2km²，年蒸发量也增加了近 350 万 m³。水面积增加也导致了径流量的减少。

从产水量分布特征来看（图 4-7，图 4-8），妫水河流域中部产水量较多，而周边产水量较少。耕地和建设用地产水量较大，而周围的林地以及水体由于蒸散量较高导致产水量较少。同时产水量跟降水量分布有关，降水量多的地方产水量也较多。以 1986 年为例，降水分布呈流域中间高、周边低，趋势大体与产水量一致。因此在降水量较多，但是植被覆盖较低的地方产水量较多；而在降水量较少，植被覆盖较高的地方产水量较少。

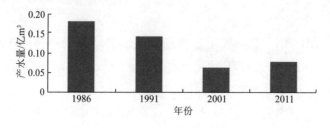

图 4-7 不同年份妫水河流域的产水量

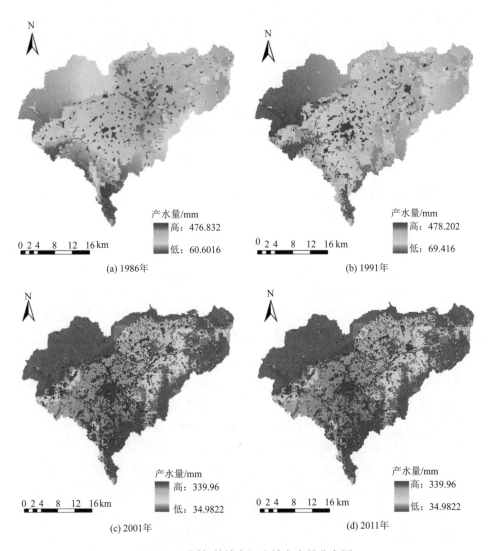

产水量/mm
高：476.832
低：60.6016

0 2 4　8　12　16 km

(a) 1986年

产水量/mm
高：478.202
低：69.416

0 2 4　8　12　16 km

(b) 1991年

产水量/mm
高：339.96
低：34.9822

0 2 4　8　12　16 km

(c) 2001年

产水量/mm
高：339.96
低：34.9822

0 2 4　8　12　16 km

(d) 2011年

图 4-8　不同年份妫水河流域产水量分布图

4.2.4.2　泥沙输出量

1986 ～ 2011 年，泥沙输出量呈现先减少后增加的趋势，总体呈减少趋势（图 4-9）。1986 ～ 1991 年，泥沙输出量减少了 24%，表明这段时间，土壤保持能力增加。1991 ～ 2001 年泥沙输出量增加了 23%，2001 ～ 2011 年，泥沙输出量减少了 3.3%。1986 ～ 2011 年泥沙输出量减少了 4%。泥沙输出量与降雨因子、坡度、土地利用相关，是这几个因素共同作用的结果。1991 年林地面积仅次于 2011 年，降雨强度并不是最大，建设用地和耕地面积相对较少，综合作用导致 1991 年泥沙输出量较少。1986 年降水量最大，降雨侵蚀强度也大，因此泥沙输出量较大。1991 年后，城市化进程较快，虽然林地面积得到恢复，但是此时建设用地也快速增加，导致泥沙输出量增加。

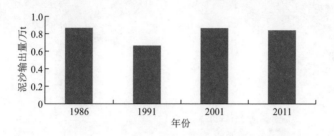

图 4-9　不同年份妫水河流域泥沙输出量

　　泥沙输出量的空间布局主要和坡度有关，坡度高的地方泥沙输出量较多，而在平原地区泥沙输出量较少。从图 4-10 中可以看出，林地的泥沙输出量并不是最少的，因为林地分布在坡度较高的地方。

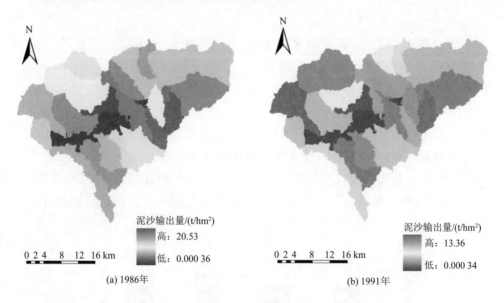

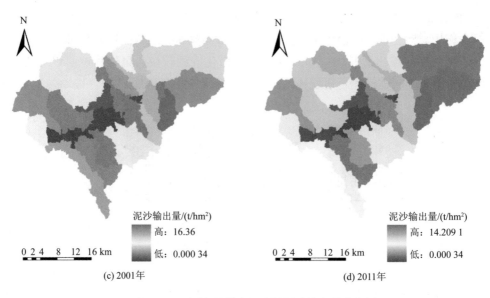

图 4-10　不同年份妫水河流域泥沙输出量分布图

4.2.4.3　氮输出量

　　妫水河流域以总氮作为水质净化功能的指标，氮输出量越大，则水质净化功能越弱，水质净化功能变化、分布变化见图 4-11 和图 4-12。1986～2011 年流域氮输出量呈现出先减少后增加的趋势，氮输出量总体增加。1986～1991 年，氮输出量减少了 5%，在此期间，林地增加但是耕地以及建设用地相对较少。1991～2001 年，氮输出量增加 21%，在此期间，耕地面积增加、建设用地增加近两倍，而林地减少。农业活动导致的面源污染输出较大，而建设用地产生的氮负荷量也较大，导致总体的氮负荷较大。2001～2011 年，氮输出量减少了 12%。此时退耕还林等措施，导致氮负荷减少。

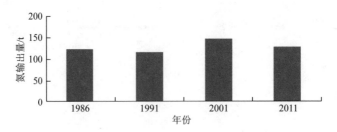

图 4-11　不同年份妫水河流域氮输出量

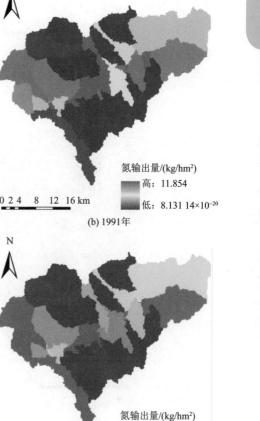

图 4-12　不同年份妫水河流域氮输出量分布图

　　氮输出负荷主要与用地类型有关，因此从空间分布上可以看出，在延庆城区以及周边耕地输出量较大，而在周边的林地输出较少，而且 1986 ～ 2011 年分布趋势一致。

4.2.5　妫水河流域土地利用情景模拟与生态调控对策

4.2.5.1　情景设置

　　为了模拟妫水河流域不同土地利用情景下的生态环境影响机制和生态系统服务变化，在 2011 年土地利用现状的基础上，设置了 6 种情景进行研究。

情景 1（基于平原造林）：2012 年起，为了改善北京周边生态环境，在北京城区以及周边实施了平原造林工程。为了评估植树造林对生态系统服务的影响，本研究对 2011 年土地利用进行处理，增加 2012 ～ 2013 年平原造林的面积（图 4-13）。

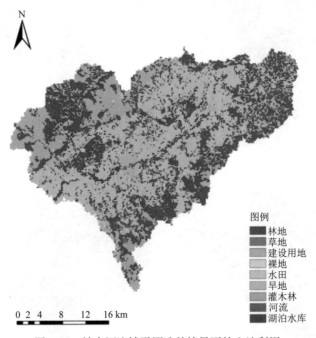

图 4-13　妫水河流域平原造林情景下的土地利用

情景 2（基于水环境保护）：妫水河作为官厅水库的主要入库河流之一，其水质状况直接影响着下游官厅水库的水质。为改善官厅水库的入库水质，恢复水库饮用水源的功能，保障首都生态安全，在妫水河两岸设置 100m 林地缓冲带，将妫水河两岸原有的耕地改为林地（图 4-14）。

情景 3（基于耕地保护）：妫水河流域内 1986 ～ 2011 年由于政策变化、经济发展以及人口增长，耕地面积减少，对粮食安全产生了胁迫。同时外出务工人数增加，导致粮食产量降低，为了保障粮食安全，应该保护耕地。根据动力学、重力学和农业生产实践证明，坡度小于 6° 的平缓地水土流失微弱；6° ～ 15° 缓坡地的水动力和重力作用增加，水土流失也有增大趋势；15° ～ 25° 的斜坡地，水土流失明显加重，应当退耕还林；25° 以上的陡坡地侵蚀严重，不宜耕作，应当实行封禁，以自然恢复为主。因此把坡度 6° 以下的林地、草地变耕地，水体、建设用地保持不变（图 4-15）。

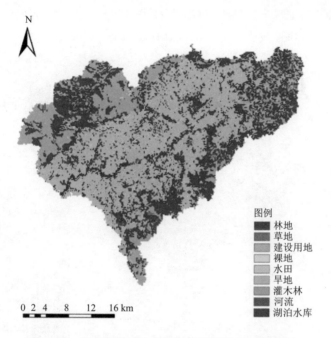

图 4-14 妫水河流域水环境保护情景下的土地利用

图例
■ 林地
■ 草地
□ 建设用地
□ 裸地
□ 水田
□ 旱地
□ 灌木林
■ 河流
■ 湖泊水库

0 2 4　　8　　12　　16 km

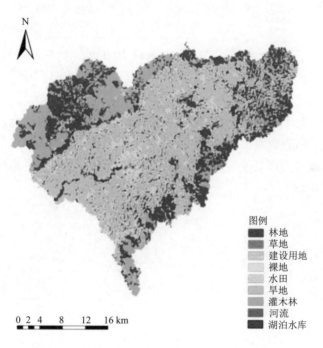

图例
■ 林地
■ 草地
□ 建设用地
□ 裸地
□ 水田
□ 旱地
□ 灌木林
■ 河流
■ 湖泊水库

0 2 4　　8　　12　　16 km

图 4-15 妫水河流域耕地保护情景下的土地利用

情景 4（基于水土保持）：坡度为 6° ～ 15°，水土流失有增大趋势。把这个坡度范围内的耕地改成草地，林地等其他地类保持不变（图 4-16）。

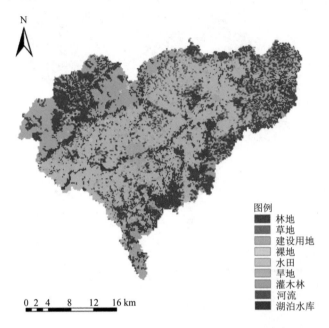

图例
- 林地
- 草地
- 建设用地
- 裸地
- 水田
- 旱地
- 灌木林
- 河流
- 湖泊水库

0 2 4　8　12　16 km

图 4-16　妫水河流域水土保持情景下的土地利用

情景 5（基于湿地生态修复）：1986 ～ 2011 年，妫水河流域湿地在 1991 年面积最多，在 2011 年的现状基础上，将湿地的面积与分布恢复到 1991 年的水平（图 4-17）。

情景 6（基于生态整合）：此情景是情景 2 和情景 3 的整合，在妫水河流域增加耕地的同时，农田化肥、农药的施用导致氮、磷等输出增加，因此在这种情景下，设置河岸缓冲带。整合情景 2 和情景 3，在保护耕地的同时也保护水环境（图 4-18）。

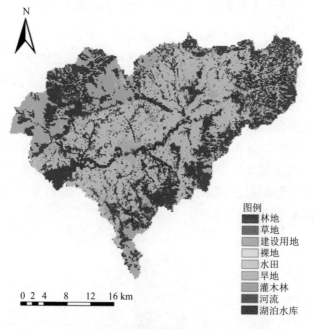

图 4-17　妫水河流域湿地生态修复情景下的土地利用

图例
林地
草地
建设用地
裸地
水田
旱地
灌木林
河流
湖泊水库

0 2 4　8　12　16 km

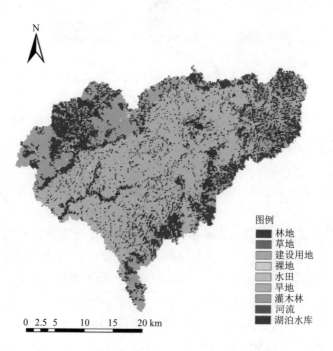

图 4-18　妫水河流域生态整合情景下的土地利用

图例
林地
草地
建设用地
裸地
水田
旱地
灌木林
河流
湖泊水库

0 2.5 5　10　15　20 km

4.2.5.2　不同土地利用情景对生态系统服务的影响及调控对策

1）情景1：基于平原造林的生态系统服务变化

妫水河流域平原地区造林工程总面积 3407 hm²，主要分布在蔡家河流域、龙湾河流域、妫水河上游、龙庆峡下游水源涵养区及主要干线公路两侧等区域，涉及 6 个镇、44 个村庄。延庆区平原地区荒滩已经基本消灭，因此平原造林可利用的绿化用地大部分是从农耕地转化而来。平原造林措施对妫水河流域产水量的影响如图 4-19，从图中可以看出，平原造林措施使产水量减少 0.0024 亿 m³，减少幅度为 3%。林地相对于耕地具有更大的蒸散发能力，单位面积的林地比耕地能散失更多的水分，同时林地由于根系发达，截留能力也较耕地强，因此通过平原造林工程，妫水河流域的产水量减少。

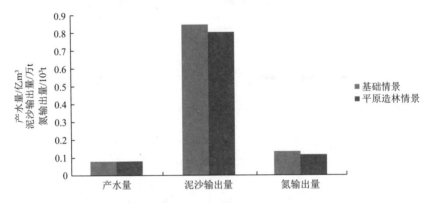

图 4-19　妫水河流域平原造林情景下生态系统服务变化

平原造林对减少泥沙输出的作用也比较明显，平原造林使妫水河流域泥沙输出量减少 0.041 万 t，减少幅度为 5%。林地由于地表的生物量比耕地生态系统大，对泥沙的拦截效率较高，同时林地的植被层对土壤有更好的保护作用，能减少土壤侵蚀效率，因此平原造林措施能减少泥沙输出量，提高土壤保持能力。

平原造林措施对氮输出影响情况如图 4-19 所示，平原造林措施使氮输出减少了 17.2t，减少幅度为 13%。流域中林地主要由耕地转化而来，林地的单位面积氮输出量相对于耕地较少，同时林地的植物根系对氮能有效地吸收和滤除。因此平原造林措施能减少氮输出量，强化流域的水质净化功能。

2）情景2：基于水环境保护情景的生态系统服务变化

妫水河两岸 2011 年土地利用现状为耕地，农业活动产生的面源污染影响

着妫水河水质。妫水河水体功能要求达到Ⅱ类水标准，但监测断面显示，水质为Ⅳ类水。妫水河水质直接影响下游官厅水库水质。因此河道水环境保护情景改变了河道两岸耕地用地类型，设置100 m林地缓冲带。该情景的产水量如图4-20所示，设置100 m林地缓冲带之后，产水量减少0.0016亿m³，减少幅度为2%。泥沙输出量减少0.015万t，减少幅度为2%。氮输出量减少了18.7 t，减少幅度为14%。设置林地缓冲带对氮的输出控制效果最好，水质净化功能最好。农田向林地转化能有效减少水土流失和污染物输出，但是产水量会减少，同时耕地减少导致粮食产量也减少。

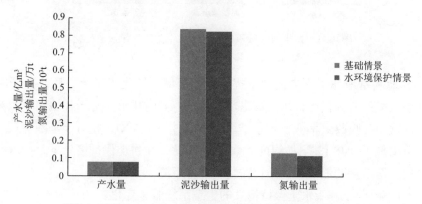

图4-20 妫水河流域水环境保护情景下生态系统服务变化

3）情景3：基于耕地保护情景的生态系统服务变化

平原造林以及河道水环境保护都是利用耕地转化为林地来实现，1985～2011年，耕地面积已经减少，随着这些措施的实施，耕地面积将进一步减少。耕地面积减少将影响流域的粮食安全。为了保障流域粮食安全，对流域内土地利用进行分析，认为坡度6°以下的地区水土流失微弱，因此选择把坡度6°以下的林地、草地改为耕地。耕地保护情景产水量增加0.002亿m³，增加幅度为2.5%。草地改为耕地后，蒸散量增加，导致径流量减少，同时林地转化为耕地，蒸散量减少，径流量增加。两者共同作用导致妫水河流域的耕地保护情景的径流量有小幅度的减少。

林地和草地向耕地转化后，植被覆盖率低，对土壤的保护作用降低，导致土壤流失率升高。因此，耕地保护情景虽然在6°以下的区域，但泥沙输出量还是有所增加（图4-21），相对于基础情景，增加量为0.14万t，增加幅度为16%。

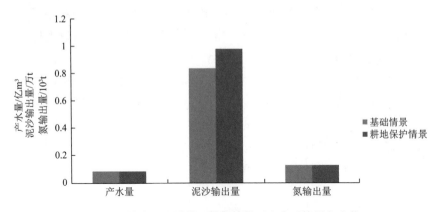

图 4-21　妫水河流域耕地保护情景下生态系统服务变化

　　林地和草地属于人类活动干扰较小的区域，转化为耕地之后，由于农业活动输入氮、磷等化肥，污染输出也会增加，同时耕地相对于林地和草地对污染物的截留和吸收效率低，导致了污染输出进一步加剧。相对于基础情景，氮输出量增加了 0.48 t，增加幅度为 0.3%。因此，在耕地保护情景下，产水量增加，但土壤保持功能以及污染物净化功能都下降。

　　4）情景 4：基于水土保持情景的生态系统服务变化

　　研究认为坡度 6° 以上的耕地水土流失发生率会增加，随着坡度增加水土流失加剧。妫水河流域 15° 以上的耕地较少，因此该情景设置为把坡度 6° ～ 15° 的耕地转化为草地。耕地转化为草地后，产水量输出情况如图 4-22 所示。由于耕地的蒸散发能力高于草地，因此耕地向草地转化后，蒸散量减少，产水量增加 0.0007 亿 m³，增加幅度为 0.9%。草地的植被覆盖较高，根系

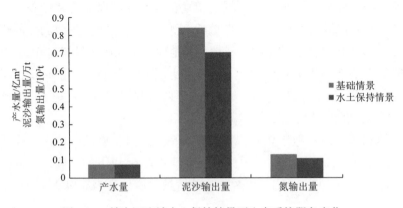

图 4-22　妫水河流域水土保持情景下生态系统服务变化

发达，截留能力较大，因此耕地转化为了草地之后，泥沙输出量减少了 0.13 万 t，减少幅度为 16%。同时，草地对氮磷有吸收、截留的功能，单位面积氮磷输出量也较耕地低，因此该情景下，氮输出量减少了 19.3t，减少幅度为 15%。因此，该情景的产水量增加，且土壤保持功能以及污染物净化功能上升。

5）情景 5：基于湿地生态修复情景的生态系统服务变化

妫水河流域的湿地面积在 1995 年最大，由于气候、人类活动以及城市化多重影响下，湿地面积不断减少。该情景是在保持现状的土地利用背景下，将湿地生态修复到 1995 年的水平。湿地水面蒸发量较高，导致湿地修复之后产水量降低。相对于基础情景，产水量减少 0.002 亿 m³，减少幅度为 3%。而且湿地对泥沙有截留作用，因此在该情景下，泥沙输出量减少 0.06 万 t，减少幅度为 7%。湿地中的水生植物以及微生物对污染物也有吸收、降解作用，因此该情景下，氮输出量减少 6.3t，减少幅度为 5%（图 4-23）。湿地生态修复能有效减少水土流失以及污染输出，但是修复湿地会导致产水量减少，进一步加剧水资源短缺矛盾。

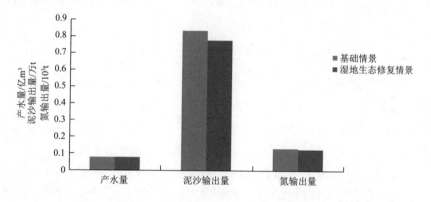

图 4-23　妫水河流域湿地生态修复情景下生态系统服务变化

6）情景 6：基于生态整合情景的生态系统服务变化

考虑到目前妫水河流域存在的主要矛盾是水质恶化和耕地保护，设置生态整合情景，即在增加耕地、保证粮食生产的同时，设置河岸生态缓冲带，缓解由耕地增加导致的污染物增加。该情景主要整合情景 2 和情景 3，即把低于 6° 范围内的林地、草地改为耕地，同时在妫水河两岸设置 100m 缓冲带。在此生态整合情景下，产水量减少 0.002 亿 m³，减少幅度为 2.4%。情景 2 中，林地蒸散能力大，导致径流量减少。情景 3 中，在林地和草地共同作用下，产水量也减少。该情景的泥沙输出量相对于基础情景增加 0.043 万 t，增加幅度为 5%；但相对于情景 3，泥沙输出量有所减少，说明耕地保护情景会增加泥沙输出，但是通过设置生态缓冲带能缓解水土流失。该情景的氮输出量减少 5.99t，减少幅度为 4.5%（图 4-24）。这说明通过设置生态缓冲带能有效缓解由于耕地增加带来的污染输出。

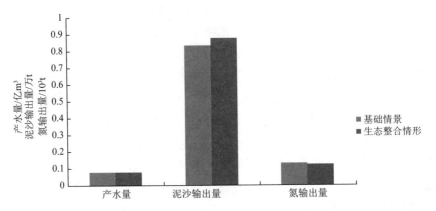

图 4-24　妫水河流域生态整合情景下生态系统服务变化

4.2.5.3　流域湿地基础设施生态调控对策

官厅水库的水量水质受上游区域的影响，因此上游区域生态系统服务的维持和改善对当地以及北京市的生态安全具有重要意义。由于人类活动的加剧，妫水河流域的土地利用变化剧烈，因此探索土地利用变化对流域生态系统服务的影响对整个流域生态安全以及妫水河保护管理非常重要。

平原造林措施虽然能改善水质，缓解水土流失，但是会使产水量减少。在目前流域水资源紧缺的情况下，水资源供应减少会使流域整体的生态系统服务退化，加剧供需矛盾。平原造林措施占用耕地面积，流域的粮食生产减少，生产功能下降。因此在实施平原造林前，应权衡水量、水质与其他生态系统服务的关系。

上游修建堤坝拦蓄河水，增加水面，有利于土壤保持与水质净化。但是在降雨较少的年份，湿地水量得不到供给，增加人工水面面积会增加蒸发量，可能会导致产水量的下降。同时上游拦蓄河水会导致下游径流量减少，应处理好上下游之间的关系。

恢复耕地面积，会增加污染输出和水土流失，导致妫水河水质下降，通过在河岸设置林地缓冲带可以有效削减污染输出和水土流失。因此适当恢复耕

地，加强岸边生态缓冲带建设能有效权衡流域生态系统的供给与调节服务。

城市化伴随着人口集中、工业污染和生活污染的加重，城市河流水环境受到直接影响，整个流域的生态系统服务也下降，因此适当控制城市化进程，通过构建城市生态基础设施缓解城市化带来的生态环境问题具有十分重要的意义。

4.3　城区尺度湿地基础设施复合生态管理方法

4.3.1　研究区概况

延庆城区湿地在妫水河下游段，是延庆区乃至北京市人民的重要休闲娱乐场所，属于风景观赏湖。该湖由于上游清洁水源补充不足，加上近年来连年大旱，妫水河非雨季主要补水来源为夏都缙阳污水处理厂再生水补给。妫水河农场橡胶坝至南关桥段水体整体流动性较差，河湾处存在大量死水区，水体富营养化极为严重，水质较差，为官厅水库水环境改善带来了沉重的负担，也极大地影响了延庆城区周边的生态环境。河岸及浅滩区种植的芦苇等挺水植物秋季未能及时收割打捞，腐烂后产生的腐殖质堆积在水体内，造成水体有机物含量增加，加大了水体富营养化和发生水华的可能。城区湿地由于接纳的污染物超过了环境容量，所以水质一直未能达到相应水体功能的国家标准。妫水河下游段水中大型沉水植物基本消失，河岸两侧挺水植物分布不均匀，且河道中鱼类品种较单一，水生动物、植物生态系统构建尚不完善。总体来说，妫水河生态系统呈现出物质能量失衡、水生食物链缺失和断裂、生态系统服务退化的趋势。

4.3.2　延庆城区土地利用变化

延庆城区总面积为 4088 hm^2。从城区土地利用可以看出（图 4-25），城区土地主要由建设用地、道路、水面、少量农地等组成。研究区湿地包括妫水河下游段"西湖"，城区湿地面积为 91 hm^2，占城区总面积的 2.2%。

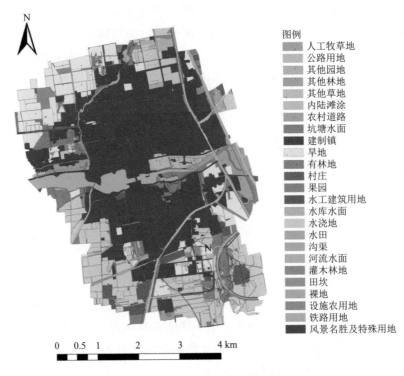

图例
人工牧草地
公路用地
其他园地
其他林地
其他草地
内陆滩涂
农村道路
坑塘水面
建制镇
旱地
有林地
村庄
果园
水工建筑用地
水库水面
水浇地
水田
沟渠
河流水面
灌木林地
田坎
裸地
设施农用地
铁路用地
风景名胜及特殊用地

0　0.5　1　　2　　　3　　　4 km

图 4-25　延庆城区土地利用图

4.3.3　延庆城区湿地变化

城市湿地受人类活动以及城市化的影响变化较大。1986～2011 年，延庆城区湿地面积先增加，然后减少，之后又增加（图 4-26）。1986～1991 年，延庆城区湿地面积从 86.8 hm² 上升到 322.2 hm²，增加了近 3 倍。1991～2001 年湿地面积从 322 hm² 减少到 117 hm²，减少比例为 63.7%。

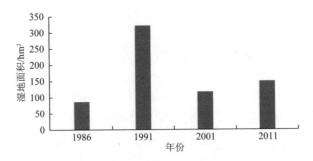

图 4-26　延庆城区湿地面积变化

2001 ~ 2011 年，延庆城区湿地面积从 117 hm² 增加到 150 hm²，增加比例为28.2%。湿地目前主要依靠污水处理厂尾水补水，同时城市修建橡胶坝拦蓄形成城市湖泊。湿地的分布情况见图 4-27，从图中可以看出，湿地分布变化较大，从刚开始的分散到集中布局逐渐转变。

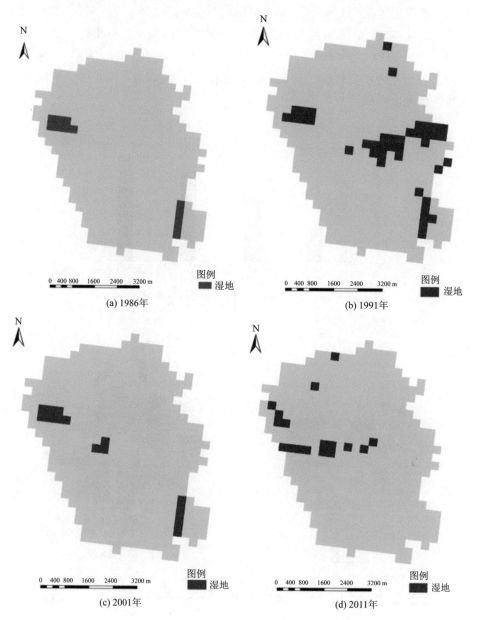

图 4-27　延庆城区湿地空间布局变化图

4.3.4 延庆城区建设用地变化

1986～2011 年，延庆城区建设用地呈逐步增加的趋势（图 4-28），从 531 hm² 增加到 1568 hm²，建设用地面积增加近 2 倍。在 1986～1991 年，延庆城区建设用地从 531 hm² 增加到 970 hm²，增加了 82.7%。在 1991～2001 年，建设用地从 970 hm² 增加到 1339.7 hm²，增加了 38.1%。而在 2001～2011 年，建设用地从 1339.7 hm² 增加到 1568.8 hm²，增加比例为 17.1%。从图 4-29 可以看出，建设用地扩展较快，从 1986 年在城市中心逐渐向外围扩展，形成"摊大饼"的发展格局。

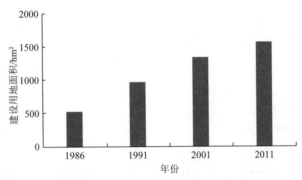

图 4-28　延庆城区建设用地面积变化

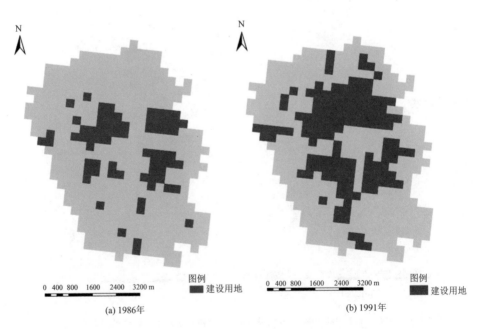

图 4-29　建设用地布局变化图

城市生态基础设施评估与管理

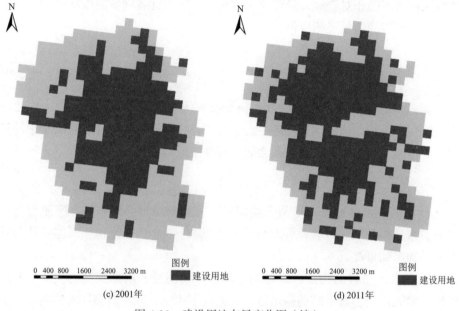

图 4-29　建设用地布局变化图（续）

4.3.5　城区湿地基础设施生态调控方法

本研究采用湿地修复方式，削减污染物，使妫水河下游水质达标。妫水河污染物来源为污水处理厂以及城市面源污染，因此利用城市周边的三里河湿地生态修复、谷家营湿地生态修复、妫水河生态修复等对污水处理厂产生的废水深度处理，包括妫水河原位修复区、三里河旁路修复区和谷家营旁路修复区。

妫水河原位修复区是指妫水河区域内污染控制体系，妫水河作为延庆的中心水体，两岸分布众多森林公园，是延庆城区重要的休闲处所，因此在此区域进行水质净化时，要重视景观效果，做到功能与景观并重，故在此区域采用初期雨水净化湿地、水生植物系统构建、水生动物群落构建、曝气充氧等工程措施，在起到水质净化作用的同时，改善了水生态环境。

三里河旁路修复区是指妫水河以北区域，该区域是一个相对完整的自然湿地系统，是妫水河水体水质净化的重要场所。另外，此区域为延庆城区的中心地带，景观要求较高，在采取水质净化措施时要具有良好的景观效果。本研究主要包括三里河生态修复、生态渠改造、生态塘、人工湿地工程措施，在起到水质净化的同时，改善了此区域的水生态环境和景观效果。

谷家营旁路修复区是指妫水河以南区域，具有水质净化的重要功能。由于该区域离市区相对较远，景观要求相对较低，因此各项措施以功能为主，并尽可能做到与周边景观相协调。

4.3.6　效益评估

通过对污水截流治理，恢复受损生态系统与促进景观协调结合，构建健康湿地生态系统，达到维护湿地生态系统服务，提升水生态环境宜居水平的目的。通过修复达到生态效益、社会效益和经济效益的统一。

4.3.6.1　生态效益

妫水河内水体通过三里河旁路修复、谷家营湿地旁路修复、造流曝气等措施，水质得到明显改善，同时自净能力增强。3年内妫水河水质能够从现状的V类提高到III类。

通过水生植被的构建，改善妫水河水环境质量，增加植被类型及生物多样性，增强河道生态系统的稳定性，补充地下水源，减少对官厅水库的污染负荷。妫水河是野鸭湖湿地公园的主要水源，通过对妫水河湿地的生态修复可以改善野鸭湖国家级湿地公园来水水质，美化环境，显著提高延庆一级生态景观走廊重要河段妫水河的生态景观效果，极大地促进延庆国家级生态文明建设示范区和低碳示范园建设，更好提升野鸭湖公园的品质。

4.3.6.2　社会效益

湿地生态修复可以改善官厅水库水质，从而减少了官厅水库的污染负荷，为恢复水库饮用水源的功能提供先决条件，保障首都用水安全。

4.3.6.3　经济效益

城市湿地生态修复后，能改善周边居民生活质量和周边投资环境，推进旅游业整体质量的提升和综合能力的发展，同时提高了周边人居环境质量和房地产价格。

4.4　社区尺度湿地基础设施复合生态管理方法

4.4.1　研究区概况

研究社区康安小区位于北京市延庆城区，靠近城区湿地西湖，目前研究区雨水管网沿南街铺设，出水进入西湖。社区作为城市重要的单元，是城市径流的主要来源，降雨期间河岸两侧城市社区以及周边道路雨水等直接进入城区湿地，特别是初期雨水中含有大量的污染物，对西湖水体水质影响较大，加剧了水体的富营养化。本研究选择康安小区为案例，通过对社区内的绿地、屋顶、道路以及周边湿地基础设施进行生态规划，削减社区内降雨径流产生的污染物，减少城市湿地污染物输入，提高湿地水环境质量，改善和修复其生态系统服务。

4.4.2 SUSTAIN 模型

本研究采用城市暴雨处理及分析集成模型系统 SUSTAIN（Version1.2）模拟城市化对水文水生态过程的影响，以及生态基础设施对城市排水过程的影响。SUSTAIN（Version1.2）是由美国国家环境保护局、水资源管理部门、Tetra Tech公司共同合作研发的暴雨管理决策支持系统，它以经济性和有效性为准则，可评估为了达到水质和水量控制目标，所采取生态基础设施的最佳布局、类型和费用。SUSTAIN 采用了模块结构进行系统设计，共包括 7 个模块，即框架管理模块、最佳管理措施（best management practices, BMP）布局工具模块、土地模拟模块、BMP 模拟模块、传输模拟模块、优化模块和后处理模块。SUSTAIN 模型可用于评价城市开发前后径流量和污染物输出，也可用于评价城市规划和开发对生态基础设施的影响（图 4-30）。

1）框架管理模块

框架管理提供数据处理、空间分析和可视化连接。框架管理模块作为指挥中心连接其他模块，保证管理系统元件之间的数据交换，并提供外部输入、调用模型组件和数据输出等功能。

2）BMP 布局工具模块

BMP 布局工具考虑生态基础设施布局规则（如高程、用地类型、土壤类型、坡度、河流以及排水区面积等），结合场地的实际情况为生态基础设施建设选择合适的地点。生态基础设施选址参考《海绵城市建设技术指南——低影响开发雨水系统构建（试行）》。

3）土地模拟模块

土地模拟模块主要包括三个组件：气象模拟组件、水文模拟组件和水质模拟组件。气象模拟组件通过用户给定每日气温、蒸发量、风速、每日每小时的降水量信息进行降雨、融雪、蒸发蒸腾等气象事件的模拟。水文模拟组件采纳 SWMM 中关于地表径流和壤中流的模拟方法，用 Green-Ampt 入渗模型计算降雨在透水表面的入渗过程，用曼宁公式计算地表径流，生成与给定气象、降雨条件相符的产流时间序列。水质模拟组件基于水文模拟的产流结果进行径流污染物的输出模拟，可以模拟用户给定的任意径流污染物的产生和输送过程。土地模拟模块利用内部模拟和外部模拟得到径流和污染物负荷。内部模拟用SWMM（version5）计算水文和水质过程线，用水文水质模拟软件（hydrological simulation program-fortran，HSPF）进行沉积物计算。外部模拟选项是使用外部建立的时间序列代表水文水质状态。

4）BMP模拟模块

BMP模拟模块执行生态基础设施建设的径流和污染物过程模拟，根据水文程序模拟地表径流量和径流峰值削减。SUSTAIN综合考虑生态基础设施建设的结构、基质特性和植被生长对径流和污染物的损失、降解的影响来推演生态基础设施工程技术对流量和污染物的管理效果，结构参数中涉及工程的尺寸、出流孔堰控制结构、基质的渗透、蒸发特性和植物覆盖率。BMP模拟模块除了对分散、单独的生态基础设施措施进行模拟之外，还包含了整合生态基础设施模拟组件。整合生态基础设施将某个特定汇水区域内所有具有相同处理功能的措施整合起来，用一个虚拟的生态基础设施作为代表，模拟和评价多个生态基础设施措施对于流域降雨径流和污染物负荷控制的综合影响。整合生态基础设施包括四项普适性的生态基础设施，分别是原位拦截、原位处理、径流传输/削减以及区域储存/处理，每一项都代表了一定数量的具有相似功能的生态基础设施单体设施。BMP模拟模块中还加入了费用估算组件，根据当地建材市场以及人工成本进行生态基础设施材料和建设成本的核算。

5）传输模拟模块

传输模块模拟径流和污染物在管线和河道中的传输过程，传输管道可选择开放式或者封闭式断面，也可以自定义断面形式。径流和非沉积污染物传输模拟采用SWMM中传输运算法则，沉积物传输模拟则采用HSPF模型进行计算。径流输送模块是连接生态基础设施措施与汇水流域间、生态基础设施措施之间、生态基础设施措施与区域径流出口之间的传输网络，对降水径流和径流污染物在管网、明渠等输送载体中的情景进行模拟。

6）优化模块

优化模块利用优化运算计算在可行的生态基础设施布局、类型和规模的备选名单中，找到经济有效的生态基础设施方案，以满足用户需求。根据设定的决策变量、评价点、评价因子和管理目标，通过优化器不断反馈和修正的进化搜索过程，最终识别出在满足水量控制、水质控制、成本控制等目标条件下

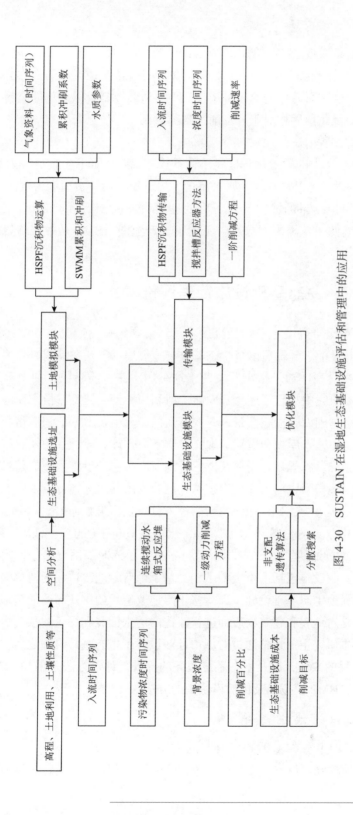

图 4-30 SUSTAIN 在湿地生态基础设施评估和管理中的应用

最优的或最具成本 – 效益的BMP方案，包括BMP的位置、布局、设计参数等。优化目标的设定通常可针对三种控制对象：径流量、径流污染物总负荷以及径流污染物浓度；每种控制对象可选择三种类型的控制目标：总量控制、削减百分比，以及优化前后相对于开发前情景的对比。

7）后处理模块

SUSTAIN 中的后处理程序将不同的模拟情景（如开发前、开发后，生态基础设施规划）、相关参数（如入流量、出流量、污染负荷和浓度）的分析显示和模型模拟结果的输出显示。后处理模块连接 Microsoft Excel 2003 平台，包括四个组件：暴雨事件分类、暴雨事件产流图、BMP 功效报告以及成本 – 效益报告。

4.4.3　生态基础设施管理评价

为了对比研究区年平均径流量以及污染物年输出情况，模型共设置了三种情景：开发前、开发后以及生态基础设施规划后。开发前指研究区还未被开发情景，在模型中通过指定开发前土地利用水文水质参数，利用土地模块进行计算，本研究中指定绿地为开发前土地利用类型。开发后指研究区开发后没有规划生态基础设施措施情景，开发后情景径流主要由屋顶和道路产生，因此通过在模型中输入屋顶和道路的水文水质参数，计算该情景的径流和污染物输出。生态基础设施规划是指在开发后规划了生态基础设施措施的情景，通过在生态基础设施模型中输入每项生态基础设施措施的尺寸、背景浓度、土壤属性以及去除效率等参数，计算该情景的径流量以及污染物输出。污染物指标选取降雨径流中常见的总悬浮物（TSS）、化学需氧量（COD）、总氮（TN）和总磷（TP）进行评估。本研究选用延庆区 2011 年逐时降雨资料进行模拟。本研究的生态基础设施包括三个类型：一是基于现有绿地改造后的植草沟、生物滞留池这类绿地生态基础设施；二是基于湿地改造后的湿式滞留池湿地生态基础设施；三是对地表和建筑物表面进行改造的透水铺装和绿色屋顶等表面生态基础设施。本研究主要评估通过对城市社区设置了生态基础设施之后，水文过程和生态过程的改变，以及生态系统服务的提升。评价方法采用 SUSTAIN 中的土地模拟、BMP 模拟以及传输模块中的方法。

4.4.3.1　湿地生态基础设施

1）湿地生态基础设施适用性分析

本研究中的湿地生态基础设施主要是湿式滞留池。湿式滞留池通常在已有的河道、湖泊以及池塘等进行改造，由于所需面积大，一般适用于城市及城郊具有开阔区域的居住区。

2）湿地生态基础设施选址

研究区位于妫水河北岸，紧靠妫水河，该段河流主要汇水来源为周围的街区道路和建筑物屋顶。因此对妫水河进行河岸改造，改造为湿式滞留池，同时设置植被缓冲带。

3）湿地生态基础设施评价

（1）径流控制效果。图4-31展示了城市开发前后及经过湿地生态基础设施规划的年径流输出量，城市开发后，由于不透水面积增加，径流量增加较快。模拟结果表明，城市开发后，年径流输出量为开放前的4.8倍。通过湿地生态基础设施规划，年径流输出量相对开发后有所削减，削减率为13%。

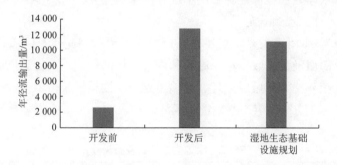

图4-31 城市开发前后及经过湿地生态基础设施规划的年径流输出量

（2）污染物控制效果。图4-32展示了城市开发前后及经过湿地生态基础设施规划的污染物年输出量，模拟结果表明，城市开发后，污染物相对于开发前成倍地增加，TSS以及COD增加倍数最多。TN和TP也增加剧烈。由于城市开发，城市道路和屋顶的污染物浓度急剧增加。通过湿地生态基础设施规划，污染物输出虽不能降到开发前水平，但相对于开发后都有一定程度的削减，TSS、COD、TN和TP的削减率分别为55%、56%、54%和58%。

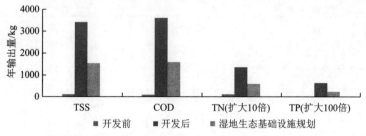

图4-32 城市开发前后及经过湿地生态基础设施规划的污染物年输出量

4.4.3.2 绿地生态基础设施

1）绿地生态基础设施适用性分析

研究社区主要适用的绿地生态基础设施包括植草浅沟和生物滞留池。植草浅沟是一种有植被覆盖的开放性的地表沟渠。这类生态基础设施通过工程措施收集、处理并传输雨水径流，可以有效替代传统的雨水管或硬质的排水沟渠，作为生态排水体系的重要组成部分，控制和削减进入受纳水体的径流污染负荷。

生物滞留池（也叫雨水花园）一般是在低洼处种植大量本地植物并培以腐土、护根覆盖物等。生物滞留池的滞留效果好，且景观效果也较好，包括表面雨水滞留层、植被层、覆盖层、种植土壤层、砂滤层、碎石层等部分。当有蓄积要排入水体时还可以在砾石层中埋置集水穿孔管。

2）绿地生态基础设施选址

研究区绿地周边主要是居住小区以及人行道。因此建筑物周边的面积可改造为生物滞留池，可收集过滤屋顶和周边广场的径流。人行道周边的带状绿地可改造为植草浅沟，可以处理、运输道路产生的径流，植草浅沟可与雨水管网连接。表 4-2 为绿地生态基础设施尺寸。

表4-2　绿地生态基础设施尺寸

生态基础设施（EI）	长 /m	宽 /m	土壤深度 /m	绿地生态基础设施类型
B1	46	6	0.75	生物滞留池
B2	37	6	0.75	生物滞留池
B3	91	9	0.75	生物滞留池
B4	37	6	0.75	生物滞留池
B5	3	9	0.75	生物滞留池
B6	152	9	0.75	生物滞留池
B7	183	9	0.75	生物滞留池
B8	37	6	0.75	生物滞留池
V1	609.6	—	0.1	植草浅沟
V2	457.2	—	0.1	植草浅沟

3）绿地生态基础设施评价

（1）径流控制效果。图 4-33 展示了城市开发前后及经过绿地生态基础设施规划的年径流输出量。绿地生态基础设施规划后，径流量产生相对开发后削减明显，削减率为 35%。

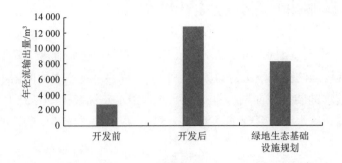

图 4-33 城市开发前后及经过绿地基础设施规划的年径流输出量

（2）污染物控制效果。图 4-34 展示了在城市开发前后及经过绿地基础设施规划的污染物年输出量，通过绿地生态基础设施规划后，污染物输出相对于开发后都有一定程度的削减，TSS、COD、TN 和 TP 削减率分别为 23%、33%、35%、28%。

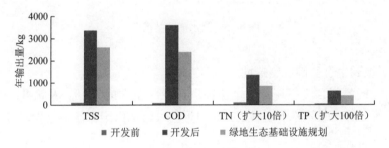

图 4-34 城市开发前后及经过绿地基础设施规划的污染物年输出量

4.4.3.3 地表生态基础设施

1）地表生态基础设施适用性分析

地表生态基础设施是指增加地表（"皮"）的透水性，主要的工程措施有绿色屋顶和透水铺装。绿色屋顶是一种通过降低城市的不透水性比例来削减径流的有效方法。绿色屋顶由多层材料构成，包括植被层、土壤层、排水层及为了加强屋顶安全而设置的绝缘层、隔膜保护层、支持结构等。绿色屋顶对雨水的滞留通过介质的储存和植物的蒸发共同实现。绿色屋顶由其植被、土壤等的截留、过滤以及吸附作用能去除径流中的氮、磷等污染物，也可以降低室温、节约能源（Vijayaraghavan et al., 2012）。绿色屋顶不需要额外的土地，在用地紧张的城市密集区，采用绿色屋顶能有效减缓城市化带来的生态问题。

透水铺装是利用透水的铺装材料铺设的透水地表，在地表径流渗入下层土壤之前临时储存雨水。上游地区不透水比例超过10%，下游湖泊、河道湿地水质恶化明显（Scholz and Grabowiecki，2007）。透水铺装代替了传统的铺装材料，其较强的孔隙渗透能力为控制自身及周边不透水表面的雨水径流提供了条件。透水铺装按照面层材料不同可分为透水砖铺装（图4-35）、透水水泥混凝土铺装和透水沥青混凝土铺装、嵌草砖，以及园林铺装中的鹅卵石、碎石铺装等。

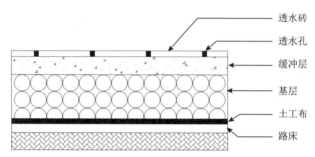

图 4-35　透水铺装结构图

2）地表生态基础设施选址

研究区的屋顶为平屋顶，承重能力以及防水性能较好，因此可以改造为绿色屋顶。研究区的停车场以及小区附近的人行道由于车流量较少，可改造为透水铺装。

3）地表生态基础设施评价

（1）径流控制效果。图4-36展示了城市开发前后及经过生态地表（"皮"）基础设施规划的年径流输出量。通过生态地表（"皮"）基础设施规划后，年径流输出量相对开发后削减明显，削减率为62%。

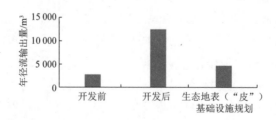

图4-36　城市开发前后及经过生态地表（"皮"）基础设施规划的年径流量输出量

（2）污染物控制效果。图4-37展示了城市开发前后及经过生态地表

（"皮"）基础设施规划的污染物年输出量，通过生态地表（"皮"）基础设施规划，污染物输出相对于开发后都有一定程度的削减，TSS、COD、TN 和 TP 削减率分别为 59%、68%、69% 和 63%。

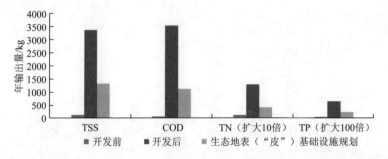

图 4-37　城市开发前后及经过生态地表（"皮"）基础设施规划的污染物年输出量

4.4.3.4　整合生态基础设施

1）整合生态基础设施选址

整合生态基础设施的选址过程，参考研究区位置、土壤条件、地下水特征、地形条件以及汇水区性质和空间需求，对所有的下垫面进行绿地、湿地、生态地表（"皮"）基础设施规划。通过对各项生态基础设施的适宜性进行对比，结合研究区实际情况，将研究区的屋顶改造为绿色屋顶，把现有的水系改建为湿式滞留池，对部分道路进行透水铺装改造，同时对道路周边绿地进行植草沟改造，在建筑物旁绿地可构建生物滞留池。

2）整合生态基础设施评价

（1）整合生态基础设施。图 4-38 展示了城市开发前后及经过整合生态基础设施规划的年径流输出量。通过整合生态基础设施规划，径流量相对开发后削减明显，削减率为 79%。

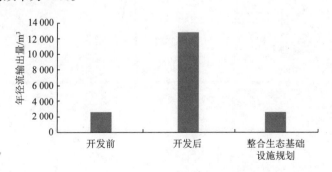

图 4-38　城市开发前后及经过整合生态基础设施规划的年径流输出量

（2）污染物控制效果。图 4-39 展示了城市开发前后及经过整合生态基础设施规划的污染物年输出量，通过生态地表基础设施规划后，污染物输出相对于开发后削减显著，TSS、COD、TN 和 TP 削减率分别为 93%、95%、94% 和 94%。

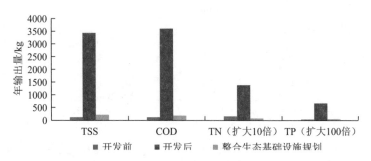

图 4-39　城市开发前后及经过整合生态基础设施规划的污染物年输出量

选择整合情景的降雨事件和降雨产流，分析在不同的降雨条件下开发前后以及生态基础设施规划情景下的径流响应特征。研究和模拟结果表明，开发前下垫面为绿地，透水性较强，能迅速吸纳雨水，很少或者不产生径流。开发后，由于不透水下垫面面积增加，降雨不容易下渗，形成径流，峰值高，产流量大。通过生态基础设施规划后，生态基础设施有下渗、截留、运移径流的能力，因此在生态基础设施规划情景下，峰值降低，径流量减少（图 4-40），图 4-41～图 4-44 给出了该降雨事件下，不同情景的污染物输出量，该场降水量较小，开发前污染物产生量极少，开发后污染物输出量增加较快，但是经过生态基础设施规划，污染物的输出能明显降低。

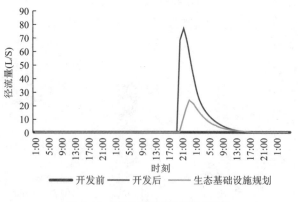

图 4-40　不同情景下产流过程图

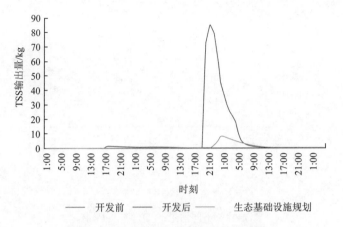

图 4-41　不同情景下 TSS 输出过程图

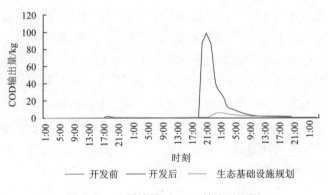

图 4-42　不同情景下 COD 输出过程图

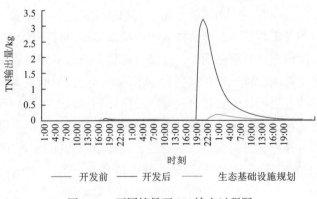

图 4-43　不同情景下 TN 输出过程图

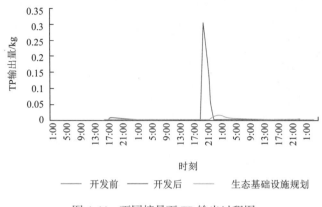

图 4-44　不同情景下 TP 输出过程图

整合生态基础设施集成模式对整个流域的多年平均径流量和污染物都有理想的削减效果,对于绿地、湿地以及生态地表("皮")具有较好的径流量和污染物削减效果。湿地生态基础设施效果最差,但是成本费用也小,因为湿式塘建设面积较小,单位面积成本也较小;而生态地表("皮")基础设施径流和污染物控制效果较好,但成本较高,这是因为绿色屋顶所用的面积较大,对屋顶产生的径流和污染物控制效果都较好,但是单位面积费用较高,因此绿色屋顶建设的成本费用也最高;从建设成本来看,整合生态基础设施削减效果最好,但是建设成本费用最高,湿地生态基础设施成本费用最低,但是削减效果最差。在生态基础设施建设时,要兼顾生态效益和经济成本。

4.4.3.5　生态基础设施整合调控研究

城市开发后,下垫面改变对城市生态环境有一定的影响,生态基础设施对城市生态环境恶化有一定的缓解作用。生态基础设施的设置应结合水环境现状、水文地质条件等特点,合理选择其中一项或多项目标作为调控目标。本研究基于生态基础设施及其服务功能、经济合理性,综合水环境管理目标以及生态基础设施建设费用设置三种控制目标:①基于整合情景的成本最小方案,即在整合情景基础上进行优化,得到径流以及污染物控制效率最高且成本最小的方案。②径流总量控制目标,理想状态下,径流总量控制目标应以开发建设后径流排放量接近开发建设前自然地貌时的径流排放量为标准。自然地貌按照绿地考虑,一般情况下,绿地的年径流总量外排率为 15% ~ 20%(相当于年雨量径流系数为 0.15 ~ 0.20)。因此,借鉴发达国家实践经验,年径流总量控制率最佳为 80% ~ 85%。本研究以年径流总量控制率 80% 作为控制目标。③径流污染控制是生态基础设施的控制目标之一。结合城市水环境质量要求、径流污染特征等确定综合控制目标和污染物指标，污染物指标可采用 TSS、COD、TN 和 TP 等表征。

生态基础设施现状规划（整合情景）存在一定问题，即成本相对于其他方案过高，但是对污染物的处理效果较好。在实际实施时，要根据目标在整合情景基础上进行优化得到可实施的生态基础设施方案。

优化模块主要包含两种算法：分散搜索算法（scatter search method）和非支配排序遗传（non-dominated sorting genetic algorithm II，NSGA-II）算法。通常根据不同的优化目标选择不同的算法。最小成本优化算法是分散搜索算法，分散搜索也是一种可以解决多目标问题的算法，该算法的结构引用进化算法的杂交和变异算子来增强它的性能（Silva et al.，2013）。它可以围绕一个特定的目标不断地识别、逼近近似最优解，因此在优化模块中用于单目标优化，如识别搜索符合控制目标的最小成本方案。

径流总量控制以及径流污染控制采用非支配排序遗传算法，非支配排序遗传算法是最有效率且具有多目标功能的计算方法，通过一系列计算结果挑选最具代表性的方案，如果选择的方案在众多方案中没有被取代，则该方案为最佳方案（Bekele and Nicklow，2007）。通过采用这两种优化算法为不同生态基础设施组合选择不同的结构参数，得到不同方案的成本－效益，进行数千次模拟。分散搜索算法用于单目标优化，非支配排序遗传算法则用于多目标优化。

1）最小成本目标

本研究目标是基于整合情景寻找最小生态基础设施建设成本方案，优化目标和条件见下式。通过模拟，得出了削减率最高，但是成本最小的方案，优化方案径流量输出结果见图 4-45、污染物输出结果见图 4-46。该方案相对于开发后的 TSS、COD、TN 和 TP 的削减率分别为 61%、86%、84% 和 88%。虽然与整合情景相比，削减率略低，但成本要减少很多。

目标：

$$\text{Min} \sum_{i=1}^{n} \text{Cost}(\text{EI}_i)$$

条件：

$$Q_j \leqslant Q_{\max_j}$$

$$L_k \leqslant L_{\max_k}$$

式中，Q_j 为评估点 j 内水量；$Q_{\max j}$ 为评估点 j 内水量最大设计标准；L_k 为评估点 k 污染负荷；$Q_{\max k}$ 为评估点 k 污染物输出最大设计值；EI_i 为 i 处生态基础设施决策变量。

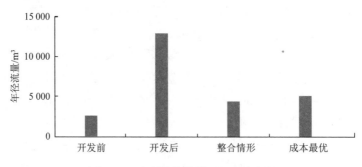

图 4-45　成本最优情景下径流输出量

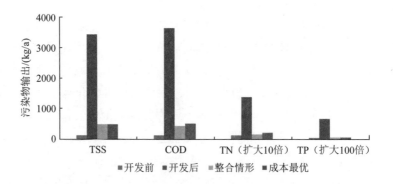

图 4-46　成本最优情景下污染物输出量

2）径流量以及污染物控制目标

目标：

$$\mathrm{Min} \sum_{i=1}^{n} \mathrm{Cost}(EI_i)$$

$$\mathrm{Min\ EF}$$

式中，EI_i 为子流域 i 的生态基础设施组合；EF 为该评估点管理优化目标值。

（1）径流量总量控制。《海绵城市建设技术指南——低影响开发雨水系统构建（试行）》对我国近 200 个城市 1983～2012 年日降水量进行了统计分析，分别得到各城市年径流总量控制率及其对应的设计降水量值关系。本研究选取北京市数据，当年径流总量控制率为 80% 和 85% 时，对应的设计降水量为 27.3 mm 和 33.6 mm，分别对应约半年一遇和 1 年一遇的 1 h 降水量。因此本研究的年径流总量控制率为 80%。即在现状情景下，还应削减 4.9% 的径流量。

图 4-47 展示了径流量在现状情景下的削减率及对应的成本。图中横坐标为成本，单位为万元；纵坐标为方案的效益，即相对规划现状情景下年径流量与污染物年输出量的削减百分比。灰色的点（所有方案）为所有的生态基础设施组合方案；左上高亮点形成的曲线（成本 - 效益曲线）为具有高效益或低成本的方案，即在相同成本下效益最高或在相同效益下成本最低的方案；图中选中的高亮点（优化方案 1）为选出的具有低成本和较高效益的方案，该选定的方案即相对于开发后年径流总量控制率为 80%，且相对于初步生态基础设施规划削减 4.9% 的目标方案。经过优化后的目标方案（优化方案 1）成本为 693 万元，相对于在整合情景下成本减少了 190 万元。

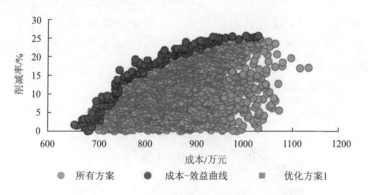

图 4-47　径流量在现状情景下的成本 - 效益曲线

（2）污染物总量控制。图 4-48 展示了 TSS 优化模拟结果，经过 4000 次模拟，可以得出 187 个具有成本 - 效益的方案。对整合方案进行优化后，可以看出，优化前生态基础设施成本为 883 万元，优化后部分方案低于 883 万元，但对 TSS 的削减率更高。本研究中，相对于整合情景最高削减率能提高 35%，优化方案 1 的成本为 883 万元，该情景下对于开发后的削减率为 84%，而未优化前的整合情景对于开发后的削减率为 79%。因此可以看出在相同的成本下，经过优化后的情景，效率提高 5%。选中的优化方案 2 成本为 752.8 万元，削减率为 16.3%。结果表明通过优化模块能寻找到削减效率更高、成本更低的情景。

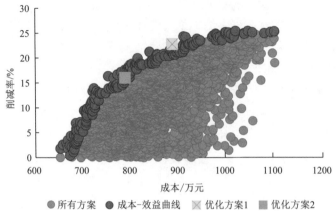

图 4-48　径流量在 TSS 情景下的成本－效益方案

图 4-49 展示了 COD 优化模拟结果，从图中可以看出，经过优化后相对于现状情景对 COD 削减率最多能达到 40%。与 TSS 情景下的成本－效益曲线对比可以看出，在相同成本下，对 COD 削减率更高。

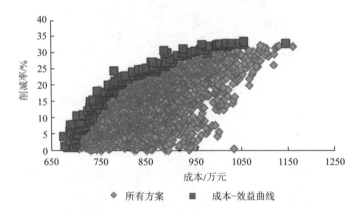

图 4-49　径流量在 COD 情景下的成本－效益曲线

图 4-50 和图 4-51 展示了 TN 和 TP 优化模拟结果，优化后的情景相对于整合情景对 TN 和 TP 的削减率能达到 30% 和 25%。从图中可以看出，经过对整合情景的研究，成本低于 883 万元的方案有 80 多个，且经过优化后的方案，对 TN 和 TP 的去除率更高。

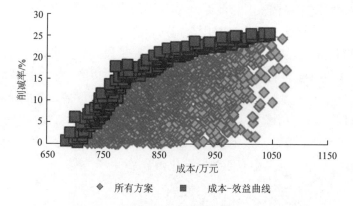

图 4-50　径流量在 TN 情景下的成本 – 效益曲线

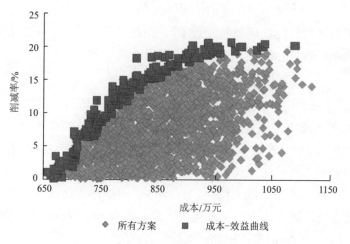

图 4-51　径流量在 TP 情景下的成本 – 效益曲线

4.5　湿地生态基础设施复合生态管理效果评价及制度保障

4.5.1　评价方法

对湿地生态基础设施进行复合生态管理前、后效果评价，将评价结果用于未来管理方案的制定和调整。目前评价方法多采用模糊综合评判和层次分析法，指标权重的主观性较大，本研究采用全排列多边形综合图示法对湿地复合生态管理效果进行测度和评估。该方法的基本思想是：设共有 n 个指标（标准化后的值），以这些指标的上限值为半径构成一个中心 n 边形，各指标值的连线构成一个不规则中心 n 边形，这个不规则中心 n 边形的顶点是 n 个指标的一个首尾相接的全排列，n 个指标总共可以构成（n-1）!/2 个不同的不规则中心 n 边形，综合指数定义为所有这些不规则多边形面积的均值与中心多边形面积的比值。

指标值标准化方法采用双曲线标准化函数：

$$F(x) = \frac{a(x+b)}{x+c}$$

其中，$F(x)$ 满足

$$F(x)\big|_{x=L} = -1, \quad F(x)\big|_{x=T} = 0, \quad F(x)\big|_{x=U} = 1$$

式中，a、b 和 c 为双曲线函数的参数；L、U 和 T 分别为指标 x 的下限值、上限值和临界值。根据标准化公式，得到最终的标准化函数：

$$F(x) = \frac{(U-L)(x-T)}{(U+L-2T)x + UT + LT - 2UL}$$

分析标准化函数 $F(x)$ 的性质可知，标准化函数 $F(x)$ 将位于上限与下限之间的指标值映射到 $-1 \sim 1$，这样的数值既保持了原有的相对大小关系，又使归一化处理更便于后续的比较研究。该标准化函数还改变了指标在 $-1 \sim 1$ 的增长速度，当指标值小于临界值时，标准化后的指标变化速率越来越慢，反之，标准化后的指标变化速率越来越快，变化速度的临界点处于临界值位置。因此，对于第 i 个指标对象，标准化值计算公式为

$$S_i = \frac{(U_i - L_i)(x_i - T_i)}{(U_i + L_i - 2T_i)x + U_iT_i + L_iT_i - 2U_iL_i}$$

为实现综合指数的纵向比较，指标下限值可根据指标最小值确定，指标上限值可根据最大值确定，临界值可根据待评价对象评价指标的平均值确定。当指标为正向指标时，最小值即为最小值；当指标为逆向指标时，须将数据取负值后再进行最大最小值的判断。由此可见，$S(x)$ 越大，评价结果越好。因此，全排列多边形综合指数 S 计算公式为

$$S = \frac{\sum\limits_{i \neq j}^{i,j}(S_i+1)(S_j+1)}{2n(n-1)}$$

式中，S_i 为第 i 项指标；S_j 为第 j 项指标（$i < j$）；n 为指标个数。

全排列多边形指数法能客观地评价湿地生态管理水平，在评价过程中只要确定与决策相关的上限、下限和临界值即可，评价结果可以最大可能地反映评价对象的真实水平。

4.5.2 评价结果

全排列多边形综合图示法采用四级分法，按评价结果数值的大小分为优良（S 大于或等于 0.75）、较好（S 大于或等于 0.5，小于 0.75）、一般（S 大于或等于 0.25，小于 0.5）、较差（S 小于 0.25）四种状态。湿地生态管理现状水平如表 4-3 和图 4-52～图 4-54 所示。采用全排列多边形综合图示法，以北京市延庆区为例，通过计算得出目前延庆湿地生态管理综合指数为 0.37，管理水平一般。

表4-3　延庆区湿地生态基础设施复合生态管理效果评价

	管理指标	参考值	现状值	目标值
"源"生态管理	受保护地占土地面积比例 /%	≥ 25	93	≥ 93
	林草覆盖率（山区）/%	≥ 80	84.0	≥ 84.0
	化肥使用强度 /（kg/hm²）	< 250	207.3	< 207.3
	林草覆盖率（平原）/%	≥ 20	33.2	> 33.2
	化学需氧量排放强度 /（kg/ 万元）	≤ 2.0	11.6	≤ 7.7
	污水集中处理率 /%		72.2	≥ 80
	生态用地比例 /%	≥ 65	92.2	
	农业面源污染防治率 /%	≥ 98	无	≥ 80
"流"生态管理	农业灌溉水有效利用系数	≥ 0.65	0.63	≥ 0.65
	市政管网普及率 /%		70	100
	雨污分流率 /%		40	100
	下沉式绿地率 /%	≥ 60%	0	—
	屋顶绿化率 /%	20%～50%	0	—
	透水铺装率 /%	≥ 90%	0	—
	绿色建筑比例 /%	≥ 75%	0	≥ 75
"汇"生态管理	湿地水环境水质达标率 /%	95	66.7	
	湿地退化率 /%		20	10
	物种多样性 /%		35	40
	湿地受胁情况		4	4.8
	湿地面积比例 /%		1.67	1.7

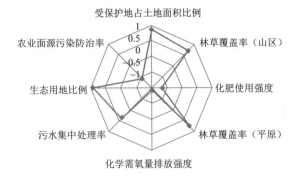

图 4-52   延庆区湿地生态基础设施"源"生态管理现状评价

图 4-53   延庆区湿地生态基础设施"流"生态管理现状评价

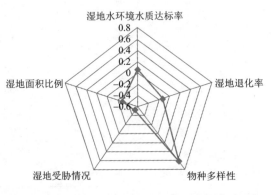

图 4-54   延庆区湿地生态基础设施"汇"生态管理现状评价

北京市延庆区湿地生态基础设施"源"生态管理综合评价指数为 0.66，管理水平较高。主要原因在于延庆区的受保护地面积较大、生态用地多、林草覆盖率较高，这说明延庆区生态环境本底较好，对湿地具有很好的保护作用，林地、草地等都能吸纳污染物质，控制污染物的输出。"源"管理中农业面源污染和化肥使用强度指数较低，化肥使用强度是反向指标。这说明虽然延庆区生态环境本底较好，但是农业行为仍然比较粗放，会对湿地水环境产生较大的胁迫。

北京市延庆区湿地生态基础设施"流"生态管理综合评价指数为0.08，管理水平较差。城市排水还是依靠排水管网传统单一的快排模式，并没有把城市当作一个有机体，利用城市的绿地等吸纳、滞留雨水。未来"流"管理应该着重在城市生态基础设施的建设上，通过构建绿色屋顶、下沉式绿地、透水铺装等生态基础设施，提高城市调蓄、渗透吸纳和净化等"海绵"能力，保护湿地生态系统。

北京市延庆区湿地生态基础设施"汇"生态管理综合评价指数为0.43，管理水平一般。从结果可以看出湿地的物种多样性指数最高，其他指数较低，延庆的野鸭湖湿地具有较丰富的生物多样性，是北京最大的湿地自然保护区，也是唯一的湿地鸟类自然保护区。但湿地受人类活动和气候因素影响较大，水量减少，退化严重。由"橡胶坝"拦蓄导致水体流动较差，同时污水处理厂直接进入湿地对湿地水质影响较大，因此湿地水环境较差，特别是经过城区的湿地。因此未来"汇"管理重点应该在通过合理利用水资源保障湿地的水源供给，通过构建人工湿地等生态工程和生态技术提高污水处理厂出水水质，改善湿地进水水质，提高湿地水环境容量。

通过复合生态管理，选用湿地生态基础设施"源"生态管理中较优的水土保持情景的结果，经过调控，林草覆盖率等指标都有所变化，草地面积增加17.4 km²，林草覆盖率提高2%。经过"流"生态管理，采用最小成本方案进行演示。主要增加下沉式绿地面积10 940 m²，下沉式绿地率提高23%，该方案下，绿色屋顶提高较少。经过"汇"生态管理，湿地的退化和水环境状况都有所改善。采用全排列多边形图示法对管理水平进行评价，实施对应的调控对策后，湿地的管理水平提高到0.45，"源"生态管理效果评价指数为0.69，提高并不明显，通过对林草的覆盖的调整提高管理水平的空间并不是很大。"流"生态管理效果评价指数提高到0.15，主要通过增加下沉式绿地面积实现。"流"生态管理主要考虑成本选择的方案，未来在湿地的复合生态管理中，不仅需要考虑成本还需要考虑生态效率。"汇"生态管理效果评价指数提高到0.56，通过对湿地的生态修复能显著提高湿地的生态系统服务。

4.5.3　管理对策与保障制度

4.5.3.1　多主体参与管理体制

由于湿地生态系统涉及多项资源和环境要素，中国目前的湿地管理涉及自然资源部、国家林业和草原局、生态环境部、水利部、农业农村部、交通运输部、住房和城乡建设部、国家海洋局等多个部门，其在各自的职责范围内做好湿地保护和管理等工作。湿地生态系统管理存在以下问题：大多是政府主导型的，存在社区、企业、非政府组织等相关利益主体参与少、产权不清、约束机制缺乏等问题，导致不同利益主体之间存在着利益冲突，平衡经济、生态和社会效益存在困难。因此需要建立政府监管、企业施治、市场驱动、公众参与的多主体管理体制。

4.5.3.2　健全湿地生态补偿机制

生态补偿是指人类对受到其污染破坏的生态环境和自然资源，进行的"减少、治理污染和破坏，使其维持、恢复自净能力、承载能力、生长能力等生态功能"的活动。湿地的生态补偿机制按照"谁开发、谁保护，谁破坏、谁恢复，谁受益、谁补偿，谁污染、谁付费"的原则建立。根据不同尺度面临的生态保护等问题，探索建立不同类型、各有侧重、因地制宜的生态补偿和污染赔偿机制，为建立湿地生态补偿机制提供模式和经验。

生态补偿的主体指应支付生态成本而未支付或未足额支付的经济社会主体，包括向其他经济社会实体转移生态成本的责任主体，以及因其他经济社会实体为其代付生态成本而从中受益的经济社会实体。在以行政区域为单元的经济社会系统内，如果补偿主体缺位或难以明确界定，则应由该级政府代表整个区域承担补偿主体的责任。生态补偿的客体在宏观层面上指自然生态系统，即人类通过污染治理、环境保护和生态建设来支付生态成本，恢复和维持生态系统服务的可持续供给。在中观和微观层次上，生态补偿的客体是指为其他经济社会实体代付生态成本或因其他经济社会实体转移生态成本而受损的经济社会实体。

4.5.3.3　基于生态系统服务的流域生态补偿

流域生态补偿的范围是流域上下游。主体包括享受流域生态系统服务的群体，也包括影响流域水量水质的个人或群体，一般为从流域受益的流域下游乃至全国；客体为保护流域生态系统服务的群体，一般为流域上游地区及其周边地区。

1）补偿主体和客体

妫水河流域生态补偿目的是帮助妫水河流域进行生态修复，修复水源涵养能力，减少水土流失，减少污染物输出，妫水河流域生态补偿的主体是指一切利用妫水河流域水资源并从水环境保护或生态建设中受益的群体，主要是享用妫水河流域生态系统服务的下游北京市。妫水河流域生态补偿的客体是指在执行水环境保护工作等为保障水资源可持续利用做出贡献的延庆地区的流域生态保护者，主要包括保护区内水源涵养林的种植和管理者、上游流域的生态建设及管理者以及其他生态建设和管理者，主要是在流域上游的北京市延庆区。

2）补偿标准

按照"谁受益、谁补偿"原则，选取水土保持情景，计算补偿标准，采用水土保持措施对流域的生态系统服务提高较大，但是该项措施导致耕地面积减少，因此需要对失地农民进行补贴，补贴标准为水土保持后所提高的生态系统服务。水土保持情景通过把耕地转变为草地，能提高径流量 53 万 m^3，土壤保持功能为 33.5 万 t，而污染净化功能为 19.1 万 t。按照总氮每吨 10 万元的补偿标准，挖取或拦截 1t 的泥沙的平均费用是 6.5 元，因此水土保持情景需要给失地农民生态补偿费用为 408 万元。

3）补偿形式

资金补偿：指以直接或间接的方式向受补偿区提供资金支持，帮助受补偿区克服生态建设资金短缺的困难。资金补偿的途径主要有建立生态补偿基金、引入生态建设项目、信贷优惠、减免税收、财政转移支付、贴息等形式，资金补偿是多种经济补偿方式中最直接、最直观和相对有效的生态补偿方式，不能完全被其他补偿方式所代替。目前妫水河流域主要的资金补偿方式包括引入生态建设项目、财政转移支付、建立生态补偿基金等。

教育补偿：生态补偿的主体向客体提供无偿技术咨询和指导以培养流域上游地区的专业人才、技术人才、管理人才等。

产业补偿：为了确保妫水河流域生态系统服务的恢复，妫水河流域投入了大量的人力、物力和财力进行生态建设和生态修复，限制了当地的社会经济发展。经济相对发达的下游地区，在生态补偿中可以通过产业补偿，也就是把补偿落实到具体的产业项目上，壮大与发展流域上游产业。

政策补偿：主要是指上级政府对下级政府的权力和机会补偿。受补偿者在授权的权限内，利用制订政策的优先权和优惠待遇，制订一系列创新性的政策，在投资项目、产业发展和财政税收等方面加大了对流域上游的支持和优惠，促进流域上游经济发展并筹集资金。

短期内妫水河流域和官厅水库流域的生态补偿方式以资金补偿和政策补偿为主，但是资金补偿和政策补偿只是输血型补偿，不能解决根本问题，未来随着经济的发展，妫水河流域环境的改善，应侧重于教育补偿、产业补偿等造血型补偿方式。

4.5.3.4　基于生态占用的城市开发生态补偿

1）补偿主体和客体

城市是在原有自然生态系统上建起来的，占用原有生态系统水体、植被和土壤。城市开发后挤占水、土地，同时进行过量的排放，影响生态环境，因此需要对受损的城市生态系统进行生态补偿。城市生态补偿是对开发活动所损害或影响的生态服务、生态关系和生态过程的功能性修复和替代性行为。具体赔偿对象不是人，而是生态系统，对城市受损生态系统的服务功能就地补偿。补偿主体为城市建设开发者，包括土地开发商等，补偿客体为受损的城市生态系统。

2）补偿标准

按照"谁破坏，谁恢复"的原则，城市开发后，生态系统服务降低多少，就应该补偿多少。本研究中选定城市雨水径流输出量作为补偿标准。补偿量恢复到开发前的径流输出量。通过对成本－效益进行优化，延庆康安小区恢复到开发前的径流输出量至少需要的补偿资金为 693 万元。

3）补偿形式

通过对城市生态基础设施构建，恢复城市良性的水文循环，恢复到开发前水文循环。主要通过绿色屋顶、透水铺装、植草浅沟、生物滞留池和湿式滞留池等工程形式进行补偿。

4.5.3.5　基于水质目标的湿地生态补偿

1）补偿主体和补偿客体

按照"谁污染、谁付费"原则，上下游政府职能部门按照水质状况制定基于水环境保护的生态补偿标准。建立健全流域断面水质监管制度，为跨界河流水环境保护补偿提供依据。由于上游水质不达标或水污染事故影响下游地区的经济发展，上游地区应承担下游必要的经济损失。补偿主体是断面水质未达标的上游区县政府，补偿客体是下游区县政府。

2）补偿标准

跨界断面水质浓度考核经济补偿指标确定为化学需氧量或高锰酸盐指数

（其中水质目标为Ⅱ类、Ⅲ类的经济补偿指标为高锰酸盐指数，水质目标为Ⅳ类及以上时为化学需氧量）、氨氮、总磷等3项。按照《北京市水环境区域补偿办法（试行）》，跨界断面出境污染物浓度比入境断面该种污染物浓度增加时，其浓度相对于该断面水质考核标准每变差1个功能类别，补偿标准为30万元/月。

3）补偿形式

补偿形式主要是资金补偿。区县政府缴纳的补偿金由市生态环境局、市财政局、市水务局统筹安排用于全市水源地保护，以及污水处理设施及配套管网、相关监测设施的建设与运行维护等工作。

4.5.3.6　建立湿地生态基础设施管理的市场投入机制

湿地复合生态管理离不开投入，需要研究投资规模是否经济合理，建设和运营成本核算是否清晰，是否有效整合现有资金渠道来加大政府投入等。湿地保护专项资金虽已下达，但湿地保护仍面临资金短缺问题，如何引进民间资本投入湿地保护产业是促进湿地保护工作发展的重要问题。应该积极倡导政府和社会资本合作（public-private-partnership，PPP）模式，拓宽融资渠道，加快项目实施。

PPP模式主要应用于基础设施等公共项目，是一种集融资、设计建设、经营和转让为一体的多功能投资方式，其基本特征是风险共担，通过适当地分担风险和责任获得更高的效率；公共部门主要保留所有权和监管权，而私人部门行使建设运营权。

4.5.3.7　制定湿地生态保护红线

我国是湿地资源大国，全国湿地面积5360万 hm^2，居全球第四，占国土面积的5.58%，但远低于8.6%的世界平均水平；人均占有湿地0.6亩[①]，仅为世界人均水平的1/5。由于近年来气候变化和人类活动的影响，湿地面积减少、功能退化的趋势尚未得到根本遏制，因此需要划定生态红线。2014年1月国家林业局已经划定了"到2020年全国湿地面积不少于8亿亩"的湿地保护红线，这条红线既是限制开发利用的"高压线"，也是维护生态平衡的"安全线"；既是建设生态文明的"目标线"，也是实现永续发展的"保障线"。生态红线在划定的过程中要考虑生态系统本身的敏感性和服务功能在空间分布上的差异性，对重要、脆弱的湿地进行保护。

---

① 1亩 ≈666.67m^2。

4.5.3.8 制订出台全国湿地保护条例

虽然我国现行的法律法规中有一些有关湿地保护的内容，但多数都是针对湿地生态系统中的土地、水、野生生物等单项资源加以保护和管理，不是以湿地及其生物多样性的整体保护为重点。所以很有必要从国家层面出台一部专门针对湿地保护的行政法规。一方面，可以把湿地作为一个独立的、完整的、重要的生态系统，从加强整体保护的角度做出规定，规范行为；另一方面，也有利于各个部门形成合力，更好地履行国际公约。

第 5 章
城市地表硬化的复合生态效应评估与生态工程改造方法

5.1 城市地表硬化的典型特征及形成机制

5.1.1 地表硬化的定义及特征

1）生态系统角度

地表硬化是用面层或其他物体（包括完全不透水或部分透水型的材料）将土壤与生态系统的其他结构（如生物圈、大气圈、水圈以及土壤圈的其他部分）分隔的措施。

2）生态功能角度

地表硬化是用不透水材料对土壤表层进行覆盖，改变了其自然属性，阻断了水、肥、气、热的交换，从而影响土壤生态系统的各种相关功能的发挥。

本书将城市地表硬化定义为，城市扩展和基础设施建设过程中，人为利用沥青、混凝土、塑料、玻璃等不透水或半透水型的材料对自然土壤表层进行封闭，进而阻隔了土壤和大气、生物之间的水、肥、气、热等物质和能量的交换，妨碍了生物地球化学循环、水分利用、气体交换、能量平衡、养分循环等生态过程，对城市生态系统服务和人居环境造成不同程度的影响。

5.1.2 城市地表硬化的形成机制

驱动力-压力-状态-影响-响应（driving forces-pressure-state-impact-response，DPSIR）模型，是结合欧洲环境局（European Environment Agency，EEA）综合压力-状态-响应（PSR）模型和驱动力-状态-响应（DSR）模型的优点而建立的解决环境问题的管理模型，具有综合性、系统性、整体性、灵活性等优点，能够揭示生态环境与经济、社会之间的因果关系，并有效整合资源、生态、发展和人类健康等因素。城市地表硬化的形成机制可用 DPSIR 模型来表述（图 5-1）。

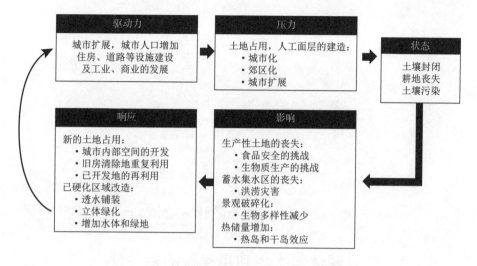

图 5-1　城市地表硬化的 DPSIR 模型

5.1.3　地表硬化与城市化之间的相关性分析

　　城市化是一个人口聚集、产业结构变化、城市用地扩展、消费模式改变的过程，也是人类对自然环境进行改造的过程。地表硬化是城市发展扩张的重要特征之一，与城市人口的急剧增加及土地利用的改变密切相关。

　　对北京市 1985～2009 年的建成区硬化面积、建成区面积与常住人口的增长趋势进行分析（图 5-2），结果表明，北京市建成区的常住人口增长速度大于硬化地表扩展的速度，人口增长是硬化地表扩张的正驱动力。土地利用强度逐年增加（图 5-3）。

115

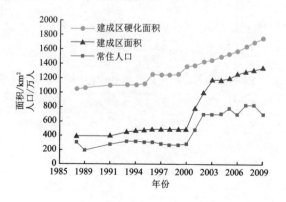

图 5-2　北京市建成区硬化面积与人口年度变化

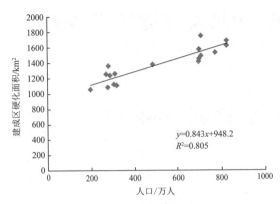

图 5-3　北京市建成区硬化面积与人口相关性

5.1.4　地表硬化与土地利用类型的相关性

城市地表硬化是城市土地利用 / 覆被类型变化的典型特征。不透水面覆盖度（impervious surface percentage，ISP）是指单位地表面积中不透水面的面积所占比例。城市中不透水面的数量和分布格局与城市土地利用形态具有密切的相关性。依据 ISP 取值范围可将城市土地利用划分为 4 种类型（Lu and Weng，2006），如表 5-1 所示。

表5-1　根据ISP 范围划分的4 类城市用地类型（%）

项目	非建设用地	中低密度城镇用地	中高密度城镇用地	高密度城镇用地
ISP 范围	< 30	31 ~ 50	51 ~ 80	81 ~ 100
主要用地类型	农业用地和城市绿地等	居民地和少量道路等	道路、老城区和商业用地等	商业用地和工业仓储用地等

国外城市的土地利用情况与我国有较大差异，通过不透水率的比较，可以对这种差异进行定量认识（表 5-2）。

表5-2　国内外城市不同土地利用类型的不透水率比较（%）

土地利用类型	美国城市平均水平	美国得克萨斯州贝克沙县	澳大利亚悉尼	中国南京
低密度居住用地	20 ~ 25	< 5	37	—
中高密度居住用地	30 ~ 65	40 ~ 50	45 ~ 55	50 ~ 95
商业用地	85 ~ 95	45 ~ 65	55	65 ~ 100
工业用地	75	—	55	40 ~ 75
未利用地	—	< 2	—	5 ~ 20

资料来源：赵丹（2013）

从 1956 ～ 2007 年北京市土地利用类型的变化（图 5-4）可以看出：中低密度城镇用地（道路、居民点和商业用地等）的面积增长迅速，而高密度城镇用地虽有所增长，但增幅缓慢，即硬化率 30% ～ 70% 的土地利用面积增加较多。

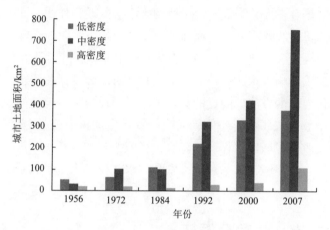

图 5-4　北京市不同年限不同密度类型下城市土地面积变化

5.2　城市地表硬化对生态因子及相关生态过程的影响

5.2.1　水——水分利用

城市建设后下垫面结构发生了明显变化，受不透水面积、滞水空间、排水管网和河道特征等影响，地表径流量、汇流时间、调节容量及河道水位等产汇流参数发生改变。原有植被和土壤被不透水面替代，作为天然调蓄系统的池塘、湿地被填平，原有的雨水径流途径被排水管网和硬质化的城市河道取代，使得降水量增多，土壤下渗和植物蒸腾作用降低，而地表径流量大大增加，而且径流汇流时间缩短，洪峰增大。有关研究表明，城市建设前后水量平衡情况为：蒸发量由 40% 减少为 25%；地面径流量由 10% 增加为 43%；地下径流量由 50% 减少为 32%。当流域内不透水面达到城市面积的 20%，遇到 3 年一遇降雨其产流量就可能相当于该地区原有产流量的 1.5 ～ 2 倍，与此同时将使汇流时间大大缩短（赵飞等，2011）。

另外，硬质屋面和路面的增多与陆地（土地、植物等）的减少，使得降雨过程中水体的面源污染机会和强度显著增加，也是造成城市水体污染的重要原因。而且，为了提高泄洪能力和人造景观效果，把河道拉直，使得河道景观变得呆板，自然景观丧失并降低了河岸植物、土壤的截污作用；同时，城市硬地地表的增加，将自然降雨完全与地面下部土层及地下水阻断，降雨只好通过城市排水系统管渠排入承泄区等地表水源中，这就造成城市地下水源难以得到及时的补充，严重影响雨水的有效利用。而且，对流经城区的河道，往往采用加深河道、固化河岸的方法，同化的驳岸阻止了河道与河畔植被的水气循环，使很多陆上的植物丧失了生存空间，还使一些水生动物失去了生存环境。可见，城市硬化地表改变了城市水循环（降雨、径流、入渗、蒸发）过程，进而对水资源、水环境、水生境、水景观、水安全、水文化等水生生态系统服务造成一定的影响。

5.2.2　土——养分循环

随着城市规模的扩张和人口的急剧增长，大量的生态用地（耕地、林地、草地、湿地等）被建设用地（以不透水面为主的用地）占用，具有重要生态系统服务的生态用地不仅数量大幅度减少，景观破碎化严重，而且质量也明显降低，这不仅破坏了生态系统的平衡，也导致生态系统服务降低和人类生存环境恶化。据统计，北京市 1949～1995 年全市耕地面积减少 131 627 hm^2，而 1996～2005 年全市耕地面积减少 110 523 hm^2（张建军等，2006）。耕地面积减少的主要原因是城市的扩张和建设过程中硬化地表的占用。

城市客土填充及硬化地表对土壤的覆盖，显著改变了土壤的理化性质，使其孔隙率下降、容重增加、有机质下降、生物量减少；而且无正常或完整的自然剖面分异特征，土壤质地也发生明显改变，石子、砂粒及人为附加物等含量增加，而黏粒和粉粒含量降低。同时，地表硬化减少了树木生长的裸地面积，使得土壤透水透气性和排水性能下降。同时，建筑施工及人为翻土，使土壤重金属污染严重，碳氮等养分含量显著降低。

5.2.3　气——气体交换

会"呼吸"的土壤保持了城市地面的湿度、温度及空气的流通，使城市地面冬暖夏凉，气候宜人。城市内大面积的人工构筑物和硬化地表，改变了下垫面的热属性，这些硬化铺装吸热快而且热容量小，在相同的太阳辐射条件下，比自然下垫面（绿地和水面等）升温快，而且表面的温度明显高于自然下垫面（Wiegand and Schott，1999）。另外，城市中机动车辆、工业生产以及大量的人群活动，会产生大量的氮氧化物、二氧化碳和粉尘等，这些物质可以大量吸收环境中热辐射的能量，产生温室效应。同时，大量悬浮物缺乏绿色植被的吸附，加重城市灰霾效应和大气污染。

硬覆盖地表阻隔了大气-植物-土壤这个连续体的气体交换过程，使大量的 CO_2 聚集在硬化地表之下（位于混凝土层下的砖内 20 ～ 30 cm 深处的 CO_2 含量最高），导致土壤中 CO_2 浓度过高，而土层中气态 O_2 浓度则过低，进而使得树木根系缺氧进行厌氧呼吸，最终造成根系生长停止和树木死亡等后果。另外，硬化地表造成的地表灼热，使得叶片气孔导度下降，影响植物和大气中 CO_2、O_2 和 H_2O 等气体的交换。在高温缺水的地区，植物关闭气孔，以此减少水分的蒸腾散失，应对水分胁迫效应。

5.2.4　生——生物多样性

硬化地表对城市植物、动物和微生物的生长和发育造成严重影响。城市地表硬化使得土壤分布零散，面积小且孤立，相互依赖而生长的植物群和动物群的生态空间被分离开来，生态通道被阻隔，破坏了城市中的小生境。而且，地表硬化导致地下土壤生态环境不适合微生物的生长与繁殖，土壤微生物量显著降低，土壤微生物群落结构和多样性也受到影响。

地表硬化直接束缚了行道树和街边植物的生长空间和根系扩展，使得植树根系的地下水和空气来源被阻断，导致树木经常出现烂根或死亡现象。石材水泥硬化的河道或引水渠没有泥层，水中难以生长具有净水功能的植物、微生物、鱼和其他水生生物，而且破坏了鱼类、鸟类、昆虫和小型哺乳动物以及各种植物提供的生物链和迁徙廊道，阻断了滨水生态系统得以自我恢复和更新的通道。而且，硬化覆盖和人工构筑物的建设，除去了野生植物（灌木和树木），大量引入外来种，使得城市树种单一、结构单调、植物群落不稳定、病虫害猖獗，生态功能低。

5.2.5　矿——能量平衡

城市地表硬化对土壤的封闭及各种生产活动对生态系统生物化学循环有着显著影响，是引发温室效应、水体富营养化等生态环境问题的重要原因之一。

随着城市化和工业化的发展，城市碳排放显著增加，然而原来的自然植被被硬化地表所代替，植物和土壤的固碳能力降低。而且硬化地表影响着氮素迁移转化和土壤氮含量等，使得大量的活性氮被地表径流冲刷到水体中，引起水体富营养化。另外，硬化地表使得大量重金属进入土壤，造成土壤污染和质量退化。

5.3 城市地表硬化对土壤更新过程及生境孕育功能的影响

本研究以北京市为案例。北京市的西、北和东北面，群山环绕，东南面是大平原，平均海拔 20 ～ 60 m，属暖温带半湿润气候区，四季分明，年平均气温13℃，年平均降水量为 507.7 mm，降雨主要集中在 6 ～ 8 月，占全年降水量的80%，无霜期 189 d。该地区的土壤划分为 8 个土类，19 个亚类，褐土和潮土为主要的土壤类型。由于经济快速发展和人口急剧增加，北京市五环以内 70% 的土地被中、高密度（硬化率为 50% ～ 70% 或大于 70%）的硬化地表所覆盖。

5.3.1 材料与方法

5.3.1.1 样品采集

选取北京市 7 种典型的土地利用类型：自然林地、农田、公园、街边绿地、行道树坑、裸地和硬化地表进行采样。自然林地远离城区，农田为连续种植 5 年以上的玉米地，公园选择具有相同植被类型的草坪，街边绿地和行道树坑毗邻，都处于城市的主干道两侧。裸地为连续废弃 3 年以上的无植物生长的裸露土壤，硬化地表为建设年限大于 10 年的城市主干道。取样时间为 2010年 5 ～ 6 月，每种土地利用类型选取三个典型的采样区，每个采样区设置 3个重复样地，每块样地采用 5 点取样法，分别采取 0 ～ 10cm、10 ～ 20cm、20 ～ 30cm 和 30 ～ 40 cm 土层的土壤作为供试土样。其中，硬化地表采用钻孔的方式，去掉表面的水泥、石子等硬化面层，采集硬化覆盖之下的土壤。同层混合，利用四分法取适量土样。土壤采集后除去碎石和植物残体，装入无菌的封口塑封带。土样过 2 mm 筛后，自然风干，混合均匀后，取 200 g 土样，用玛瑙研钵研磨过 100 目筛，测定土壤的理化性质和重金属含量。同时现场调查每个采样区的基本情况，包括植被类型、灌溉和施肥情况等。

5.3.1.2　土样性质测定

1）理化性质测定

土壤质地采用激光粒度仪分析，酸碱度（pH）采用 1 ：2.5 的土水比进行测定，土壤含水量（soil moisture content，SMC）采用 105℃烘干法测定，土壤容重采用环刀法测定，土壤有机质（soil organic matter，SOM）采用重铬酸钾–外加热法测定；总碳（TC）和 TN 用元素分析仪测定（鲍士旦，2000）。

2）重金属含量测定

土样分析前处理采用美国国家环境保护局推荐的 HNO_3-H_2O_2 消煮法，用电感耦合等离子体质谱仪（ICP-MS）测定待测液中的重金属元素含量。分析过程所用试剂均为优级纯，所用的水均为超纯水，同时加入中国国家标准土壤参比物质（GSS-1、GSS-4）进行质量控制，分析结果符合质控要求。

5.3.1.3　数据分析

以单项污染指数法作为土壤重金属累积评价方法，其计算公式为 $P_i=C_i/S_i$。式中，P_i 为土壤单项重金属污染指数；C_i 为土壤中重金属 i 的实测值；S_i 为重金属 i 的评价标准。当 $P_i \leqslant 1$ 时，表明无重金属 i 累积（污染）；当 $P_i > 1$ 时，表明重金属 i 累积（污染），P_i 值越大，累积（污染）越严重。以综合污染指数 P_N 将不同土地利用类型土壤污染划分为清洁（$P_N \leqslant 1$）、轻度污染（$1 < P_N \leqslant 2$）、中度污染（$2 < P_N \leqslant 3$）、重度污染（$P_N > 3$）5 个等级。

5.3.2　城市地表硬化对土壤理化性质的影响

除自然林地之外，城市其他土地利用类型的土壤均为砂质壤土。土壤质地在砂粒和粉粒之间无显著差异，但是黏粒含量在街边绿地（25.51%±1.65%）和行道树坑（26.14%±1.44%）下明显高于其他土地利用类型。硬化地表砂粒含量较高，达到 66.53%±2.98%。粉粒和黏粒含量居中。

结果表明：除 SMC 之外，土壤 pH、TN、土壤容重（bulk density，BD）和碳氮比（C：N）在不同土地利用类型下均存在显著差异。不同土地类型下土壤均呈碱性（变化范围 7.81～8.99），且呈现随着土层的增加而升高的趋势，而在 10～40 cm 土层硬化地表的 pH 达最高。0～10 cm 土层，SMC 在自然林地中最高，硬化地表最低，其他土层中各土地利用类型土壤差异性无统一规律。土壤 BD 在各土层（0～40 cm）均为自然林地最低而硬化地表最高，且随着土层深度的增加而减少。但土壤碳氮比在硬化地表远高于其他土地利用类型，达 26.59～41.04。

不同土地利用类型下土壤养分含量差异显著。土壤 TN 在 0～10 cm 及 20～30 cm 均为自然林地中最高（10.75%±1.85%），硬化地表中最低（3.91%±0.17%）。且自然林地、公园和行道树坑的土壤 TN 含量均呈现随土层深度的增加而减少的变化趋势。各土层深度中，速效氮（available nitrogen, AN）的含量均在农田中达到最高。在 0～10 cm 土层，AN 的含量呈现农田＞街边绿地＞自然林地＞公园＞荒草地＞行道树坑＞裸地＞硬化地表的趋势。速效磷（available phosphorus, AP）的含量在 0～40 cm 各土层均为自然林地最高，硬化地表中最低。

5.3.3　城市地表硬化对土壤重金属含量的影响

5.3.3.1　重金属含量

城市化过程中，现代工业、商业、交通等频繁的人类活动通常会加剧城市土壤中重金属的累积。城市土壤中的重金属一般不直接进入食物链，但是可以通过扬尘和直接接触等途径影响人体健康。城市土壤因城市的功能需要，存在诸多的被利用方式，因而土壤物质组成存在较大的时间和空间上的变异性。与陈同斌等（Chen et al., 2004）调查的北京市土壤重金属含量的背景值相比，Ni 含量与背景相差不大，但 Cu、Zn、Pb、Cd 的含量显著高于背景值，其中 Cu 和 Zn 的含量比背景值分别高出 3.3 倍和 2.6 倍。另外，超过一半的土壤样品超过背景值，达到毒害植物生长的浓度水平。

然而，不同的土地利用类型下重金属含量存在显著差异。Cu、Zn、Cd 和 Ni 的最高值（分别为 154.64 mg/kg、450.23 mg/kg、0.53 mg/kg 和 50.32 mg/kg）均出现在硬化地表中，远远超出背景水平。另外，人类的日常活动、汽车尾气排放和油漆气味散发加剧公园内 Cu 和 Pb 的浓度积累。

5.3.3.2　重金属累积和污染

不同土地利用方式下，土壤各元素的单项污染指数显示：除自然林地外，北京市城区土壤 Cu、Zn、Pb、Cd 和 Ni 的单项污染指数均大于 1，说明北京市城区土壤的 5 种重金属含量总体处于污染状态。然而，李晓燕等（2010）对北京市不同土地利用下的重金属含量测定则表明：北京市城区土壤 As、Cd、Cu、Ni、Pb、Zn 的单项污染指数均小于 1，总体处于清洁状态。这是由于本研究的采样点主要集中在北京市五环以内，人类活动、交通尾气排放和建筑材

城市生态基础设施评估与管理

料的散发影响较大。另外，内梅罗指数的结果显示：不同土地利用类型的污染程度不同，硬化地表＞公园＞农田＞裸地＞行道树坑＞街边绿地＞自然林地，其中硬化地表下土壤达到重度污染，公园和农田的土壤则达到中度污染。

5.3.4　城市地表硬化的土壤退化评价

为了定量描述不同土地利用下土壤退化的程度，本研究引进了土壤退化指数。土壤退化指数的计算过程首先是以某种土地利用类型为基准，假设其他的土地利用类型都是由作为基准的土地利用类型转变而来，然后计算土壤各个属性在其他土地利用类型与基准土地利用类型之间差异（以百分数表示），最后将各个属性的差异求和平均，得到各土地利用类型的土壤退化指数，具体公式如下：

$$\text{DI} = \frac{\left[\left(P_1 - P_1'\right)/P_1' + \left(P_2 - P_2'\right)/P_2' + ... + \left(P_n - P_n'\right)/P_n'\right] \times 100\%}{n}$$

式中，DI 为土壤退化指数；$P_1', P_2', \cdots, P_n'$ 为基准土地利用类型下土壤属性1、属性2到属性 n 的值；$P_1, P_2, \cdots, P_n$ 为其他土地利用类型下属性1、属性2到属性 n 的值；n 为选择的土壤属性数，土壤退化指数可以是正数也可以是负数，负数表明土壤退化；正数说明土壤不仅没有退化，而且质量还有所提高。本研究以自然林地作为基准的土地利用类型，选择的土壤属性包括土壤 pH、含水率、容重、总氮、速效磷、速效氮、碳氮比、重金属含量等。土壤属性没有选择总碳和土壤粒径是因为它们在不同的土地利用类型之间没有显著变化。另外，较高的土壤容重值表明土地有退化的趋势，所以在实际的计算中采用了容重差值的相反数。

从土壤退化指数计算结果（图 5-5）可知，与自然林地相比较，街边绿地、裸地和硬化地表表层土壤退化较为明显。

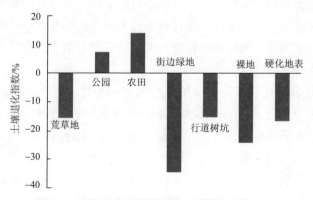

图 5-5　不同土地利用类型下土壤退化指数分析

5.3.5　地表硬化对城市植物生态功能的影响

城市以水泥、沥青及砖面等硬质材料构筑下垫面，由于其较高的储热能力和低渗透性，改变了城市的小气候条件，进而对植物生长发育和生理生态过程造成显著影响（赵丹等，2010）。本书研究结果表明，与草皮覆盖相比，硬化地面（水泥和砖面覆盖）下大气温度（T_a）和叶片温度（T_1）显著升高而相对大气湿度（RH）则显著降低。这主要由于硬化地表的下垫面粗糙度增大，反射率减小，地面长波辐射损失减少，致使在同样天气条件下吸收和储存更多的太阳辐射反射，导致其 T_a 增高，大量的水分蒸发散失，RH 降低（Montague and Kjelgren，2004）。地表和空气温度的增加，使得植物的 T_1 增高，叶面水汽压亏缺（Vpdl）增加，叶片气孔导度下降，又会影响植物和大气中 CO_2、O_2 和 H_2O 等的交换和植物的光合特征（Mueller and Day，2005）。

与草皮覆盖相比，城市水泥覆盖和砖面覆盖下植物叶片光合速率（Pn）日最高值分别降低 62.2% 和 26.8%，蒸腾速率（Tr）和气孔导度（Gs）也显著下降。硬化地表较大的长波辐射热通量增加了植物叶温及水汽压亏缺，降低了叶片的气孔导度，当气孔导度降低到一定水平时，气孔就会关闭（Ignace et al.，2007），而气孔关闭就会影响 CO_2 进入细胞，进而导致 CO_2 供应不足，植物处于"碳饥饿"状态，光合作用随之下降。一定的温度范围内，温度越高植物光合速率越大，但如果温度过高就会成为光合作用的限制因子。草皮覆盖类型的土壤水分充足，土壤含水量大，银杏的气孔导度大，蒸腾作用较强；硬化类型的地表温度过高，土壤含水量小，受到土壤水分胁迫，银杏气孔导度小，蒸腾作用弱，散失水分较少，这是植物受到土壤水分胁迫时的一种自我调节适应。然而，不同硬化类型的地面储热和渗透性不同，对地表、空气温度及相对湿度的影响有很大差异，对植物的影响程度也有所不同。在本书的研究中，三种地表覆盖类型同处一个居民小区，地理位置较为集中，因此光合有效辐射无明显差异。但由于水泥覆盖通气透水性能较差，并且热容量大、导热性好，其对植物的影响大于砖面覆盖。

另外，地表硬化引起一系列的环境因子的变化和光合速率的降低，是生态因子和生理生化因子共同作用的结果。三种地表覆盖类型下，T_a、T_1 和光合有效辐射（PAR）呈极显著正相关（$p < 0.01$），与 RH 和大气 CO_2 浓度（C_a）均呈极显著负相关（$p < 0.01$）。因此，一日之中，光照、温度、湿度和 CO_2 浓度等环境因子的变化密切关联，任何一种环境因子发生变化，都将会对其他因子造成影响，进而通过气孔导度和水分利用效率等内部因子，使光合速率发

生改变。不同地表覆盖类型下，发挥主导作用的环境因子虽然有所差异，但总体而言，城市硬化覆盖类型下夏季温度过高，大气相对湿度和 CO_2 浓度较低，导致银杏净光合速率下降。

5.3.6 地表硬化对城市土壤微生物群落功能多样性的影响

地表硬化对城市土壤微生物群落功能多样性的影响结果如下。

（1）不同土地覆被类型的土壤理化性质存在显著差异。硬化地表 pH、碳氮比最高，而土壤含水率、总氮和有机质含量显著低于自然林地和裸地。

（2）不同土地覆盖类型的平均颜色变化率（average well color development，AWCD）呈现出如下变化规律：硬化地表＞自然林地＞裸地；硬化地表微生物对碳的消耗最多，微生物活动强度最高，微生物群落较不稳定。

（3）硬化地表微生物碳源代谢特征发生明显分异，在第 1 主成分轴上，硬化地表分布在正方向上，自然林地和裸地分布在负方向；在第 2 主成分轴上，自然林地和硬化地表分布在正方向上，而裸地分布在负方向上。糖类、羧酸类、氨基酸为微生物利用的主要碳源。

（4）冗余分析结果表明：碳氮比、pH、总氮和有机质对土壤微生物群落功能多样性的影响显著，较高的土壤含水率对于碳源的利用有一定的促进作用。

5.3.7 城市地表硬化对土壤生境孕育功能的影响

由于硬化地面的铺装和城市构筑物的阻隔，城市景观破碎化，土壤分布零散，面积小且孤立，与自然生态系统相比，物质循环和转化过程单调缓慢，致使土壤微生物组成发生改变，种类和数量减少，代谢降解能力降低。由地表硬化所导致的环境变化及植物、动物、微生物种群之间相互作用的连锁变化也是极为显著的。例如，人类活动和建筑增加了城市中氮元素沉降，城市地表硬化又会阻碍凋落物中氮元素回归土壤，阻碍了氮元素的植物、微生物固定。含氮酸性沉降物在土壤中大量沉积，不仅可以影响土壤的理化性质，而且可以直接引起土壤动物的生长、繁殖、减退甚至死亡。蚯蚓等土壤动物的数量及分布的变化又会使得土壤的形成发育和理化性质发生改变，影响到土壤生物生长的正常环境，导致土壤生物活性降低，进而又会影响到氮元素的循环。而作为植物养分的重要成分，氮元素的缺乏又会直接影响植物的生长发育和生态系统服务。然而，不同类型的生物群体由于其耐受性和生存环境的不同，对于相同的硬化胁迫所作出的反应也有很大的差异性。另外，一些相互依赖而生长的植物群和动物群的生态空间由于地表硬化被分离开来，破坏了城市中的小生境，同时也影响到城市绿色空间的联通和整个城市生态系统的稳定和可持续发展。

5.4　地表硬化对氮循环过程及城市水体净化功能的影响

5.4.1　地表硬化对氮循环过程的影响

土壤总氮、有机质、碳氮比和无机氮等的改变是表征城市土壤养分状况和土壤质量变化的重要指标。在本书研究中，土壤有机质与总氮、碳氮比、脲酶、微生物量氮、碱解氮和净氮矿化速率显著相关，这表明有机质是地表硬化造成土壤养分匮乏和质量下降的主要原因。由于硬化阻隔了枯枝落叶等凋落物进入土壤，地表硬化下的土壤养分循环受阻，有机质和总氮在 0 ~ 40 cm 均低于自然林地和裸地。碱解氮和无机氮是植物和微生物主要的可利用氮源，反映了近期土壤供氮能力的高低。地表硬化一方面使得尿素、植物残体等氮源输入受阻，有效氮的含量减少；另一方面，也改变了土壤理化性质，使得微生物活性降低，氮转化速率降低，进一步导致土壤可利用氮的减少（Nannipieri and Eldor，2009；Lorenz and Lal，2009）。

城市不同土地利用方式严重地影响了土壤养分供应和微生物活性。与自然林地相比，城市绿地由于受到人类活动的强烈干扰，土壤质量和土壤肥力都有不同程度的下降。城市土壤养分匮乏是限制土壤微生物量氮和酶活性的主要原因，也是引起不同土地利用方式之间土壤质量差异的决定性因素。然而，城市土壤受到多种因素的交互影响，今后需增加对其他影响因子，如重金属污染等的研究，以便更清楚地揭示其影响机制，为综合评估城市不同土地利用方式对土壤质量的影响提供科学依据。

城市地表硬化一方面阻碍了土壤和大气之间的养分循环，导致地下土壤可供应氮素显著降低，另一方面影响了地下土壤微生物的生存环境和养分供

给，使得土壤微生物的分解能力减弱，酶活性降低，进而显著地改变了土壤氮素的迁移转化过程。与自然林地相比，城市硬化下土壤的无机氮含量和氮素矿化 / 硝化速率显著降低，氮循环发生了明显改变。

5.4.2　地表硬化对氮循环过程的影响

地表硬化下土壤的无机氮含量虽然整体下降，但底层土壤的硝态氮和铵态氮含量均较顶层有所增加。由于土壤剖面硝态氮的累积不是固定的，只要遇到水分这一载体就会向深层淋洗，甚至移出植物根区，进入浅层地下水，进而污染深层地下水，这将是城市地下水污染的潜在风险。

另外，硬化地表的大面积增加，使得城市活性氮转化降低，而降雨径流量增大，产流时间缩短，从而使城市地表含氮污染物直接以径流的方式进入河流，加剧河流污染，降低水质，对流域地表水环境产生重要影响。

与自然板结不同，城市中人为的地表硬化往往是大规模和永久性的，对周围非硬化土壤性质也造成一定的影响。因此，降低城市地表硬化的负面效应是提高城市土壤生态功能（如储存、调节、过滤、转化、生物质生产和生物栖息地），减轻和修复城市氮沉降导致的不利影响的有效手段。

5.5　地表硬化对土壤碳储量及气候调节功能的影响

5.5.1　地表硬化对土壤碳储量的影响

不同土地利用类型对土壤有机碳含量影响明显。在 0 ～ 10 cm 土层，土壤的有机碳含量表现为：行道树坑＞自然林地＞农田＞荒草地＞公园＞街边绿地＞硬化地表＞裸地。从土壤剖面分析，各土地利用类型整体呈现随深度的增加而递减的变化规律，但不同土地类型之间还存在一定差异。不同土地利用类型之间的总有机碳储量也存在一定差异。0 ～ 40 cm 土层的有机碳总储量为自然林地最高（40.91 t/hm²），裸地最低（13.5 t/hm²），而且随着土层深度的增加逐渐递减。土壤微生物量碳总体呈现植被区＞无植被区＞硬化区，且在自然林地中达到最高。相关研究表明：土壤有机碳储量、土壤微生物量碳和微生物熵与土壤总氮及土壤黏土含量显著正相关，而与 pH 和碳氮比显著负相关。可见，不同土地利用类型通过改变土壤质地和理化性质影响了土壤微生物活性，进而影响有机碳的含量和分布。

5.5.2　地表硬化对气候调节功能的影响

土地利用方式的变化不仅直接影响而且通过影响与土壤有机碳形成和转化的因子而间接影响土壤有机碳的含量和分布，同时还通过改变土壤有机质的分解速率影响土壤有机碳氮蓄积量。实验结果表明：地表硬化改变了地下土壤的微生物量和活性，导致土壤有机碳含量和储量显著降低。

土壤是陆地生态系统的核心之一，是陆地生态系统中最大且周转时间最慢的碳库，是大气碳库的 3～4 倍，是植被碳库的 5 倍左右。土壤碳库储量较小幅度的变动，都可通过向大气排放温室气体而影响全球气候变化，土壤作为大气中 CO_2 的源或汇，是控制大气 CO_2 浓度增加的一个重要因素，在全球碳循环研究中有着重要的作用。除了化石燃料使用量不断增加外，土地利用方式变化而致的土壤碳库亏缺也是大气 CO_2 浓度升高的主要原因之一。发挥土壤碳汇效应已成为降低大气温室气体浓度、减缓全球温室效应的简便有效方法。

因此，地表硬化不仅直接增加地表热辐射量，导致城市热岛效应不断加剧；而且通过影响土壤有机碳储量，改变城市湿热环境，进而对城市微气候和区域气候产生一定的影响。

5.6　城市地表硬化的生态化改造方法

5.6.1　城市地表硬化的复合生态化改造方法

城市地表硬化的生态化改造应当针对不同尺度（区域、城市、小区）地表硬化的特征和作用，从生态规划、生态工程和生态管理等方面出发，采取整合的、全过程的、系统的生态化改造方法。

针对已硬化地表和新开发用地，采取预防—减缓—补偿等全过程的生态改造措施，对提高城市生态系统服务，改善城市生态环境具有重要意义。

5.6.1.1　预防

城市地表硬化的预防措施如下。

（1）建立城市空间规划的可持续发展原则，提高土地资源的利用效率，避免不必要的城市扩张。

（2）完备城市地面透水和立体绿化的法律、法规、政策和标准等。

（3）提出城市雨水利用规划的强制性措施，保证雨水的资源合理利用。

（4）城市规划前进行生态经济功能分区，划分必须严格进行生态保护的区域和可适当硬化和建设的区域。

（5）在城市规划过程中，协调好城市建设用地和生态用地之间的关系，实现绿韵（生态用地）和红脉（建设用地）的和谐共生。

（6）将有关城市地表硬化的问题纳入城市建设范畴，切实做到同步设计、同步施工、同步验收。

（7）建立一套完备的生态控制性详规，在城市总体规划或分区规划中对"城市透水地表比例"和"城市立体绿化比例"提出要求和规定。

（8）确定城市可铺设透水地面（路面）的区域，并因地制宜地提出城市可透水地面种类。

（9）对已硬化区域，引导新的发展模式，如立体绿化等措施和方法。

5.6.1.2 减缓

无论如何，城市发展过程中城市地表硬化和土壤占用是不可避免的，因此，地表硬化负面生态效应的减缓效应显得尤为重要，可通过以下方式实现。

（1）通过生态工程措施改善土壤功能，减少洪涝灾害，减轻热岛和干岛效应等，如透水铺装、立体绿化等；城市需要铺装透水地面的区域，主要包括人行道、步行道、自行车道、郊区道路和郊游步行路、露天停车场、房舍周围、庭院和街巷的地面、特殊车道和车房出车道以及公共广场等。

（2）对已硬化地面化整为零，减少大面积硬化的负面生态效应。

（3）建设海绵城市，增强城市雨水下渗、储存能力、就地滞洪蓄水、减轻洪涝灾害。

5.6.1.3 补偿

城市地表硬化的补偿措施如下。

（1）对城市建设中占用的生态用地进行生态功能就地补偿。

（2）在城市化地区生态资产管理中引入"生态物业管理"。

（3）从资金、设备、技术等方面，积极鼓励雨水收集利用。

5.6.2　城市地表硬化的生态工程改造方法

生态改造既包括生态规划和生态设计的科学方法，也包括生态工程的技术措施。在生态城市规划和建设中应当采取有效的生态改造措施，减少地表封闭和硬化，增强下垫面的透水透气性，增加城市生态基础设施用地面积，进而提高城市生态系统服务。在城市建设中推广透水性铺装材料的使用，并合理配置下沉式绿地能够有效提高城市土壤蓄水功能，减少洪涝灾害。在各类建筑物和构筑物的立面、屋顶、地下和上部空间进行多层次、多功能的绿化美化，丰富城区园林绿化的空间结构层次和城市立体景观艺术效果，可以增加城市总体绿量和城市生态基础设施用地面积，提高城市生态系统服务。

同时在城市规划中，打破城市中心区大面积路面硬化板结的现象，利用"外楔内插"的方式，"切红缀绿""改灰复蓝"，对于改善城市生态基础设施的结构和功能，缓解城市"热岛效应"，改善城区生态环境具有重要意义。

5.6.2.1　透水性铺装

随着经济的发展和现代化建设进程加快，许多城镇逐步被钢筋混凝土房屋、大型基础设施、各种不透水场地取代了原本的绿色。这些不透水材料破坏了地面的天然渗透性，从而引发了一系列生态环境问题。非透水性铺装片面强调硬化地面的防水防渗性能，将自然降雨完全与其下部土壤及地下水阻断，降雨只好通过城市排水系统排入江河湖海等地表水源中，这就造成城市地下水难以得到及时的补充。同时，地表径流过程使相对清洁的雨水溶入大量的城市地表污染物，这些污染物是城市面源污染和水体污染的重要来源。与之相比，透水铺装较好的透水透气性受到了各界的关注，并开始广泛地应用于城市人行道、广场、花园等项目当中。

以淮北市桓谭公园为例，说明生态工程方法与技术特别是透水性铺装的重要意义。

淮北市位于安徽省北部，东经 116°23′～117°23′，北纬 33°16′～34°14′，地处苏鲁豫皖四省之交，南北长 150 km，东西宽 50 km，总面积 2802 km^2。本示范选择的桓谭公园位于淮北市西北部相山组团内，占地约 22hm^2。公园东西面各有两块划出用地，占地共约 9.46 hm^2。桓谭公园位于张寨路以东、桓谭路以南、黎苑路以北、南湖路以西，南侧紧邻翡翠岛居住小区，北侧紧邻湖畔御景居住小区，是相山新区的中心公园。在桓谭公园的规划和建设中，采用了本书推荐的生态工程方法与技术。

1）生态停车场

桓谭公园西入口处的生态停车场面积为 500 m², 设计采用嵌草砖铺设，砖中间留出有一定的植草空隙，使天然野草可在空隙中生长，由此增加 40% 的绿化功能。

2）公园小径

桓谭公园中设计的公园小径沿湖外围铺设，面积共计 100 m²。公园小径由于往来人员较多，路面使用率高，采用大小均匀、色泽各异的细碎石或鹅卵石铺设，在满足排水功能的同时，方便施工，节约成本，而且不同颜色、不同方向铺设的卵石可以组合出各种生动的图案，使园路富有情趣，创造出生态又美观的地景。卵石铺地也具有足底按摩的作用，在小区中可以作为健康步道。卵石搭配青石板嵌草铺路更增加了园路的透绿率和透水性能，美观实用。

3）圆形广场

桓谭公园圆形广场采用透水铺装。由透水性面层、黏结找平层、透水性垫层构成。其中，透水性面层采用彩色透水砖组成图案，黏结找平层依据面层选择粗骨料碎石作为透水材料，与透水性面层紧密结合。透水性垫层为级配碎石，既满足了承压和美观的功能，又能提高地面的透水、透气性。

4）南入口广场

拦蓄利用是将屋顶、道路、庭院、广场等的雨水进行收集，经适当处理后进入蓄水池，蓄水可以用来灌溉绿地、冲厕所、洗车、喷洒路面、补充景观水体等。这种方法能够使雨水得到有价值的利用，减少自来水的用量，从而既减少了雨水排放量，又节约了水资源。

桓谭公园南入口广场在不透水的普通广场砖中间交错铺装 1.5 m 透水砖，并且在地下适当布设渗滤性排水沟槽。广场渗透的雨水通过雨洪收集毛管从垫层下的支渗滤沟汇入主渗滤沟，达到自然深层净化，再通过冲孔排水管进入 40 m³ 的蓄水池，有效滞蓄或回用。支渗滤沟和主渗滤沟为透水地面局部下降形成通长的渗滤沟槽。渗滤沟槽边缘的无纺布反滤层、槽内的级配碎石、级配碎石内埋设的全透型排水管，可以达到多重净化。多余的雨水由溢流堰排入河道，不仅可达到雨水收集再利用的效果，还能使排入河道的径流延长 5～10 天，同时，排入河道的雨水水质基本达到地表水 I 类标准，使城市河道呈现出类似天然河道基流的状态，趋向于"清水长流"的景观。

透水砖铺装是一种全新的道路铺装模式，相对于不透水砖来说，对地表径流有明显的削减作用，使雨水及时渗入补充地下水资源，减少地表径流，实现水资源的有效利用。然而，这是一项复杂的系统工程，涉及城市规划和建设的许多部门，需要在城市规划的层面上加以统筹、综合与协调，并在建设和实施中严格按照要求和规则进行施工落实。地表硬化的生态改造在城市中无处不在，充分发挥透水性铺装所特有的雨水下渗等功能，是改善城市生态环境、提高城市生态系统服务的重要途径。

5.6.2.2　立体绿化

随着城市化的发展，城市规模不断扩大，城市人口急剧增加，城市用地不断向外扩张，而城市中可用于绿化的面积却越来越少。立体绿化充分利用城市空间优势为城市披上绿装，使得城市的水泥森林变成绿色大花园。

立体绿化充分利用不同的立地条件，选择攀缘植物或其他植物栽植并依附于各种构筑物及其他空间结构（包括立交桥、建筑墙面、坡面、河道堤岸、屋顶、门庭、花架、棚架、阳台、廊、柱、栅栏、枯树及各种假山与建筑设施）上。

墙面绿化：泛指选择攀缘植物或者用植物铺贴装饰建筑物内外墙和各种围墙的一种立体绿化形式。据研究，4～5层高的建筑物占地面积与它的墙面面积之比可以达到1：2。因此墙面可以成为现代城市绿化极具开发潜力的绿化载体。

阳台绿化：指利用各种植物材料，包括攀缘植物，对建筑物的阳台进行绿化的方式。随着城市化进程加快，越来越多的人居住在高层建筑之中，各种不同的美观整齐的阳台和窗台，同样可以成为建筑物绿化的重要载体。

花架、棚架绿化：是各种攀缘植物在一定空间范围内，借助于各种形式、各种构件在棚架、花架上生长，并组成景观的一种立体绿化形式。花架、棚架绿化多处于城市中街头绿地、居民区及公共地带，因此其也为人们夏日消暑乘凉提供了场所。

栅栏绿化：指攀缘植物借助于篱笆和栅栏的各种构件生长，用以划分空间地域的绿化形式。其既可起到分隔庭院和防护的作用，又可为城市增添一份绿色。

坡面绿化：指以环境保护和工程建设为目的，利用各种植物材料来保护具有一定落差的坡面绿化形式。其是控制雨水侵蚀的途径与手段，也是立体绿化的重要方面。

假山与枯树绿化：指在假山、山石及一些需要保护的枯树上种植攀缘植物，使景观更富自然情趣，起到"枯木逢春"的效果。

屋顶绿化：指在建筑物、构筑物的顶部、天台、露台之上进行的绿化和造园的一种绿化形式。屋顶绿化为人们提供更多的活动场所，使原来的水泥森林变成花团锦簇、绿树成荫、鸟语花香的花园。

门庭绿化：指各种攀缘植物借助于门架以及与屋檐相连接的雨篷进行绿化的形式，融合了墙面绿化、棚栏绿化和屋顶绿化的方式方法。

5.6.2.3 雨水花园

雨水花园是指在地势较低区域种植各种灌木、花草以及树木等植物的专类工程设施，主要通过天然土壤或更换人工土和植物的过滤作用净化雨水，并减小径流污染，同时消纳小面积汇流的初期雨水，将雨水暂时蓄留其中之后慢慢入渗土壤来减少径流量。

雨水花园是一种行之有效的雨水自然净化与处置技术，是一种模仿自然界雨水渗滤功能的现代风景园林的发展方式（向璐璐等，2008）。雨水花园从形态上来看更类似于一个随机出现的雨水渗透盆地，它建造费用低，面积大小不一，运行管理简单，具有较好的生态效益和景观作用，其净化消纳雨水的作用被国际公认为城市暴雨最佳管理措施中的一项技术，近年来在欧洲、美国、澳大利亚等许多发达国家和地区被推崇采用，广泛地用于雨洪控制与径流污染控制系统，也可作为一种生态型的雨水间接利用设施（Iowa State University，2007）。一般来说，雨水花园的适用范围很广，包括城市公共建筑、住宅区、商业区以及工业区的建筑、停车场、道路等的周边。

5.7 城市硬化地表的复合生态管理方法及对策

5.7.1 生态基础设施视角的综合管理

城市基础设施状况是社会生产、人民生活和各种社会活动得以顺利进行的重要物质条件，是城市发展水平和文明程度的重要指标。随着人口的急速增加和城市用地的不断扩张，城市自然开敞空间的面积大幅减少，生境破碎化愈加严重，城市热岛效应、灰霾效应、雨洪雨污效应及水体富营养化等生态环境问题日益突出，直接影响了城市生态系统服务和人居环境。城市传统的"灰色基础设施"（grey infrastructure）——由交通、市政、环卫以及其他确保工业化经济正常运作所必需的工程性和社会性公共设施，往往是单一功能的设计，例如，河道以防洪为单一目的，被截弯取直和硬化，忽视了基础设施和城市开敞空间的协同与融合，以及它们还应具有的社会、审美和生态等方面的功能，进而严重影响了其对城市的整体贡献。频繁发生的城市洪涝、气象灾害及交通拥堵等现象一次次证实：光靠城市的"灰色基础设施"不仅无法解决城市的复杂问题，还给城市带来了一系列的生态环境问题，如生态空间隔离、生物多样性降低、开敞空间不足等。

城市绿地、湿地、农田、生态廊道等绿色空间具有重要的生态系统服务，对于维持城市生态平衡和改善城市环境具有无可替代的重要作用，越来越受到国内外学者们的关注。20 世纪 90 年代中期，GI 的概念正式提出，其核心是自然环境决定土地使用，这一概念是人们对自然生态系统"生命支撑"功能的充分肯定。一般认为，GI 是由城市内或城市周围的公园、森林、湿地、保护区、绿带、泄洪道或其他生态廊道组成的绿色网络系统，是基础设施工程的生态化体现，在雨水调控、防洪减灾、调节气候等方面发挥着重要作用。目前，国内外学者们对 GI 的规划方法和工程构建方法做了大量研究，特别是在城市屋顶绿化、透水性铺装和下沉式绿地等工程应用方面做了深入的实践。研究表明：透水人行道可以减少雨水径流量的 70% ~ 90%，相当于草坪和林地的透水性能。屋顶绿化能有效降低室温 3 ~ 6℃，不仅缓减城市热岛效应、节约用电，还具有蓄水减排、净化屋面径流污染和美化环境等诸多生态效益。

城市是一类以人类为中心的社会—经济—自然复合生态系统，城市自然子系统必须与经济和社会子系统相结合，并进行系统整合，通过生态系统自组织、自适应、自循环和自恢复的能力保证整个城市生态系统的稳定性，进而实现城市的健康、可持续发展。因此，尽管"绿色基础设施"弥补了传统"灰色基础设施"的诸多不足，对于提高城市生态系统服务和生态品质具有一定的作用，但城市生态系统需要更具复杂性、整体性、系统性、网络型的"生态基础设施"，将无生命的"灰色基础设施"与有生命的"绿色基础设施"有机整合，形成协同共生、循环再生的基础设施支撑体系，以维持城市生态服务的完整性及其生命活力。

5.7.2　生态系统服务就地补偿

在生态规划中，首先要通过生态基础设施规划和建设，对城市建设和运行过程中损失的生态系统服务就地补偿。目前，对于自然生态资产的评价方法、保护策略及管理措施已有一些研究，但大多仅停留在异地生态补偿阶段。这种生态补偿是使破坏环境的责任者承担经济损失，对生态保护、建设者和生态环境质量降低的受害者进行异地补偿的一种生态经济机制，补偿对象是人，方式是钱。广义的生态补偿是调节人类开发行为的复合生态建设机制，是对人类开发活动所损害或影响的生态服务、生态关系和生态过程的功能性修复和替代性建设行为。其赔偿对象不是人，而是受损生态系统。开发商和生态占用者必须对工程建设中占用生态资产所导致的生态系统服务损失进行就地补偿，最终落实到生态规划、生态工程和生态管理的具体行动中。因此，有必要建立一套完备的生态控制性详规，在城市总体规划或分区规划中提出的生态占用补偿、生态控制阈值、生态建设指标和生态基础设施必须落实到拟开发地块的空间和时序上，提出补偿生态系统服务、保证生态系统的正向演替和复合生态品质的健康管理的生态调控方略，使各类生态因子、生态过程和生态关系得以协调、持续发展。

5.7.3　生态物业管理体系及机制

常规的"物业管理"是针对共有的建筑物、设施、场地进行管理。为确保城市化过程中生态资产的保育和生态系统服务的增强，建议在城市生态资产和生态系统服务管理中引入"生态物业管理"（ecological property management）的新理念。政府通过收缴用地单位的生态占用费，孵化和发展一批生态物业管理企业，把政府对环境污染和生态退化的直接管理变成对区域环境质量的间接管理。由"生态物业企业"负责监测、评价、监督和管理已开发的土地和被占用的生态服务：包括对土壤土地、水资源水环境、生物多样性、空气与气候、弃置或排放的各类废弃物等生态资源或生态服务的占用，并按年度进行常规审计。根据审计结果对生态占用单位进行奖励或惩罚，以保证各类生态资产的正向积累以及生态系统服务的强化。同时还能形成一类新兴的生态服务和生态修复产业，其市场就是缴纳生态占用补偿费补偿各新老用地单位及其受损生态系统。这样还可以降低政府直接管理每一个企业的行政成本。

以土地管理为例，"生态物业企业"从施工安全的责任、自然生态安全的功能、保证城市建设用地的经济发展功能和农民民生的权益、保障社会稳定这四方面对每一块土地进行监测和审计，并根据审计结果进行惩罚或奖励。如果这四项功能均达标，可以在城市总体规划许可的情况下，适当改变建设用地、生态建设用地等的比例，这样既能保证城市建设用地数量，又能保证粮食安全。通过这个全新的理念将环境管理企业化，引进市场机制，达到每一块土地每一年生态系统服务都保持上升的目标。

5.7.4 城市生态用地和建设用地的共轭融合

长期以来，城市建设的管理重心都放在建设用地的管理上，城市规划的重心也是强调各种城市建设用地规模和空间布局，而忽视了对于非建设用地的管理。为了保证国家粮食安全，国家实施了耕地的保护政策，明确禁止占用基本农田，并且实行异地的数量占补平衡来维持一定的粮食生产的土地面积。城市建设和耕地保护在相互的对垒中，管理者往往是为了城市的发展使得非建设用地的保护占据了下风。

城市化、工业化带来的城市环境问题已经影响到众多领域。环境科学技术发展了数十年，却始终没能彻底解决严峻的城市环境问题，究其原因在于城市环境管理"头痛医头，脚痛医脚"的单向思维模式，对于城市中自然生态系统的服务功能认识不足。生态系统服务的研究成为当今生态学领域研究的热点问题，当 Constanza 等（1997）评估了全球生态系统的服务功能之后，我们认识到自然生态系统对人类的隐形价值。城市生态系统是一类以人类活动为中心的社会－经济－自然复合生态系统，城市生态用地对城市的生态系统服务不仅仅体现在物质的生产，还为城市提供了多种生态功能。科学发展观要求坚持以人为本，全面、协调、可持续的发展，因此人在自身获得发展的同时，必须要兼顾人类赖以生存的自然生态系统的保育。

第 6 章

城市生态基础设施的通用管理
模型及案例应用

6.1 城市生态基础设施通用管理模型

6.1.1 城市生态基础设施通用管理模型整体概况

6.1.1.1 城市生态基础设施通用管理模型定义

城市生态基础设施通用管理模型（urban ecological infrastructure general management model，UEIGM）是专门为方便城市管理者充分运用生态学的知识去评价、规划、管理现有的城市而设计的一种管理工具。该模型的管理对象是城市生态基础设施，针对不同管理尺度有对应的适应性变化，管理目标则是快速识别并构建管理对象的组分、状态和相互之间存在的关系，发现其中存在的问题，并通过模拟实施不同政策对管理对象发展趋势的影响，判断每种方案的优劣，进而指导人们选择合适的政策和方案进行实际应用。

6.1.1.2 UEIGM 工作流程

UEIGM 结合城市生态管理的生命周期流程以及城市规划的编制周期，将实际工作流程简化为：辨识现状—评价现状—找出问题—模拟方案—评价方案—选择方案，并以此流程作为模型使用的一个完整周期。因此 UEIGM 模型中涉及一个提供模型使用基础知识教学的学习模块和三个主要功能模块：辨识模块、模拟模块和评价模块。这三个模块又对应着三大模型库：生态基础设施（EI）基础数据库、评价体系库、模拟模型库。每个模型库中包含了若干现有研究较为合理以及常用的模型。

6.1.1.3 UEIGM 模块功能辨析

对相似功能进行模块化处理是一种处理复杂系统较好的管理方式，在实际应用中可针对问题的复杂性，将不同模块依据逻辑运算的需要进行组合和转换，从而达到处理复杂问题的效果。在 UEIGM 中，不同模块的主要工作原理和所承担的任务有着明显的区别。图 6-1 为 UEIGM 工作流程，表 6-1 为 UEIGM 不同模块主要工作原理与承担任务。

城市生态基础设施评估与管理

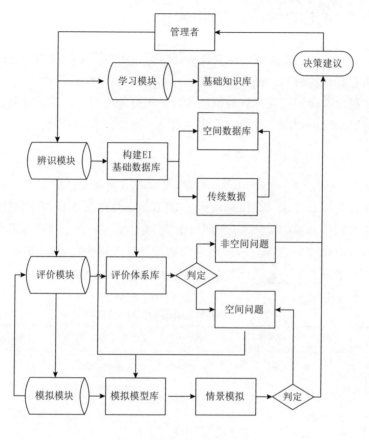

图 6-1　UEIGM 工作流程图

表6-1　UEIGM不同模块主要工作原理与承担任务

模块名称	EI 处理方式	输入数据	主要任务	输出数据
辨识模块	是（不是）EI 问题	空间数据、传统数据	数据收集 数据转换	UEIGM 空间数据库和传统数据
评价模块	是（不是）EI 问题	UEIGM 空间数据库、传统数据	确定指标体系 确定数据标准值 确定评价方法	得出评价结果
模拟模块	EI 分级问题	UEIGM 空间数据库	确定模拟方案 选择模拟模型	空间模拟结果

6.1.2 UEIGM 辨识模块构建

构建 UEIGM 辨识模块的主要任务是根据城市生态基础设施管理的要求制定基于生态基础设施的数据分类标准，并明确其所包含内容与特点。然后，根据实际情况快速辨识或从已有数据快速提取现有的生态基础设施部分，制定已有数据分类的转换规则，并获取其相关属性，建成对应 UEIGM 空间数据库。

6.1.2.1 基础资料收集清单

基础资料的收集一方面取决于实际模型的应用需要，另一方面取决于数据获取的难易程度。表 6-2 简单概括了 UEIGM 运行过程中可能用到的基础数据。由于城市生态基础设施管理模型与城市规划密不可分，其中大部分资料属于城市规划基础资料，部分资料则需要通过其他渠道进行收集和整理。因此，对于非城市管理者而言，数据的获取将极大地制约 UEIGM 的应用。

表6-2　UEIGM运算基础资料一览表

面图层	线图层	点图层	栅格图	非空间数据
地质状况资料	道路交通图	各项监测站点	遥感影像图	社会经济发展状况
城市法定保护区			数字高程图	人口数据
土地利用现状				水文资料
建筑物现状图				气象资料
市政基础设施现状				环境质量监测
自然灾害图				

6.1.2.2 生态基础设施分类标准

从生态基础设施管理的角度综合考虑多种相关因素，对现有的城市用地类型进行重新分类，有利于城市管理者从生态基础设施的角度审视现有城市结构的合理性，也对未来生态基础设施的规划和发展具有借鉴意义。

通过分析总结前人的相关研究，可以发现：现有的土地利用类型根据生态基础设施的概念可分为生态基础设施用地和非生态基础设施用地。其中生态基础设施用地包括蓝绿基础设施（各种类型绿地、湿地和农田）和生态化的工程基础设施（生态化手段改造或替代道路工程、不透水地面、废物处理系统、低影响开发技术、屋顶绿化）；非生态基础设施用地则包括非生态化的建设用地和未利用的裸地。蓝绿基础设施又可根据人工干预程度分为自然蓝绿基础设施、半自然蓝绿基础设施和人工基础设施。另外，即便是同种性质的生态基础设施（如公园绿地、居民区绿地和大学校园中的绿地），也可能由于权属问题具有差异性。

因此，本书在结合前人研究的基础上，综合考虑管理职权分配、生态基础设施功能类型、土地利用类型等方面，构建了生态基础设施分类标准（简称新标准）。新标准将现有生态基础设施进行两级分类：一级分类主要以生态基础设施的土地利用类型异质性为主；二级分类则综合考虑了管理职权问题、人工干扰程度以及主导生态功能三部分进行进一步划分（表 6-3）。

表6-3　生态基础设施分类标准

一级分类		二级分类		内容及范围	主要生态功能
编码	名称	编码	名称		
01	绿地	011	自然景观型绿地	包括以自然景观为主或以保持自然生态系统为目标的绿地，如自然保护区、风景名胜区、森林公园等	保护生物多样性、维持景观完整性
		012	人工生产型绿地	主要包括以生产为目的的绿地，如用材林、果园、耕地、牧草地等	原材料生产
		013	人工防护型绿地	主要包括人工构建的具有某种特定防护功能的绿地，如河流防护绿地、道路防护绿地、防风固沙林	特定的防护功能
		014	人工游憩型绿地	主要包括人工修复或构建的以游憩为主要目的的景观绿地，并由市政管理相关部门进行管护，如历史文化遗迹中的绿地部分、市内公园、小游园等	娱乐文化功能
		015	人工附属绿地	主要包括人工构建的非公共性质的绿地，并由所属单位自行负责管护，如单位绿地、高校绿地等	针对特定人群的娱乐文化功能
		016	其他绿地	上述情况未涉及的其他绿地，待补充完善	—
02	湿地	021	自然景观型湿地	主要包括以自然景观为主的湿地或水域，注重生态保护和景观修复，如湿地公园、河流、沿海滩涂等	保护生物多样性、维持景观完整性
		022	自然供给型湿地	主要包括自然形成的对人类生产生活起到供给作用的湿地或水域，对水质要求严格，如饮用水水源地	特定的供给功能
		023	人工调控型湿地	主要包括人工建造的以调控水量水质为主的湿地及水域，可兼具其他功能，如水库和污水处理湿地等	净化水质、调控水量
		024	人工生产型湿地	主要包括人工建造的以生产为主要目的的湿地及水域，如坑塘和沟渠等	原材料生产
		025	其他湿地	上述情况未涉及的其他湿地或水域	—

一级分类		二级分类		内容及范围	主要生态功能
编码	名称	编码	名称		
03	生态化建设用地	031	立体绿化建设用地	主要包括具有立体绿化,能兼具建设用地和生态用地双重属性的建设用地	节能降耗
		032	透水铺装用地	主要包括透水性较好的透水铺装,如透水路面和透水停车场等	预防城市内涝
		033	其他生态化建设用地	上述情况未涉及的其他建设用地,待补充完善	—
04	废弃物集中处理用地	041	生活污水处理设施用地	包括以生活污水处理为主的污水处理厂用地	净化水体
		042	生活垃圾无害化处理设施用地	包括以生活垃圾处理为主的处理设施用地	促进物质循环与利用
		043	工业污水处理设施	包括以工业污水处理为主的污水处理厂用地	净化水体
		044	危险废弃物处理用地	包括以危险废弃物处理为主的处理设施用地	促进物质循环与利用
		045	其他废弃物处理用地	上述情况未涉及的其他废弃物处理用地	—
05	非生态基础设施用地	051	非生态化建设用地	包括未进行生态化建设或改造的建设用地	—
		052	未利用裸地	包括未被开发利用的裸露地表	—
		053	其他非生态基础设施用地	上述情况未涉及的非生态基础设施用地	—
06	其他用地	—	—	上述一级分类未涉及的其他用地	

6.1.2.3　数据转换规则

由于 UEIGM 以保障生态系统服务和保护重要生态过程为主,所以在构建数据库时要以生态基础设施分类标准为基础。考虑到现有的城市规划与管理中常用的综合性较强的分类标准主要分为两大类:《土地利用现状分类》(GB/T 21010—2017)和《城市用地分类与规划建设用地标准》(GB 50137—2011)。因此,充分利用现有的这两类常用数据制定对应转换规则,简化其中与生态基础设施无关的分类,增加与生态基础设施相关的分类,将有利于快速构建 UEIGM 所用的数据库。

为达到较好的转换效果,此阶段需要收集的基础数据包括:近期云量少、成像好、植被茂盛时期的遥感影像(30m 精度,若有条件可收集高精度的遥感数据)、土地利用现状分类图[《土地利用现状分类标准》(GB/T 21010—

2007）]、城市用地现状分类图［《城市用地分类与规划建设用地标准》（GB
50137—2011）]、城市污水处理厂分布图、城市垃圾处理厂分布图、城市水
源保护区划图以及关于屋顶绿化和透水铺装等相关数据。

根据现有的《土地利用现状分类标准》和《城市用地分类与规划建设用
地标准》两个分类标准中每一类的定义和所涵盖范围，可以发现其中一部分可
以直接归入新标准中对应的分类，即直接转换分类部分；另一部分还需其他数
据进行辅助才能判定其分类，即非直接转换分类部分。表6-4对两种标准中直
接分类转换部分进行了筛选和归类。之后，分别针对非直接分类转换部分提出
了转换方法的建议。

1）直接转换部分

表6-4　不同分类标准间的转换标准

生态基础设施分类标准	土地利用现状分类标准	城市用地分类与规划建设用地标准
编码及名称	编码及名称	编码及名称
01 绿地	01 耕地；02 园地；03 林地；04 草地；08 公共管理与公共服务用地（087）	G 公园与广场用地；E2 农林用地
011 自然景观型绿地	031 有林地、032 灌木林地、033 其他林地；043 其他草地	
012 人工生产型绿地	011 水田、012 水浇地、013 旱地；021 果园、022 茶园、023 其他园地；041 天然牧草地、042 人工牧草地	
013 人工防护型绿地		G2 防护绿地
014 人工游憩型绿地	087 公园与绿地	G1 公园绿地
02 湿地	11 水域及水利设施用地；12 其他用地	E1 水域
021 自然景观型湿地	111 河流水面、112 湖泊水面、115 沿海滩涂	E11 自然水域
023 人工调控型湿地	113 水库水面	E12 水库
024 人工生产型湿地	114 坑塘水面、117 沟渠	E13 坑塘沟渠
025 其他湿地	119 冰川及永久积雪；125 沼泽地	
04 废弃物集中处理用地		U2 环境设施用地
051 非生态基础设施用地	06 工矿仓储用地（062 采矿用地）；12 其他用地（123 田坎、126 沙地、127 裸地）；20 城镇村及工矿用地（204 采矿用地）	H5 采矿用地
052 未利用裸地	126 沙地、127 裸地	
053 其他非生态基础设施用地	062 采矿用地；123 田坎	H5 采矿用地
06 其他用地	12 其他土地（121 空闲地）	

从表 6-4 中可以看出，在直接转换部分，两种分类标准既有重合也有相互补充的内容，而且《土地利用现状分类标准》比《城市用地分类与规划建设用地标准》更为合适。

另外，"022 自然供给型湿地"需要根据实际的饮用水水源地进行划分；"032 透水铺装用地"由于目前支持的资料极为有限，需在有明确调查和资料支持的情况下逐步完善此类用地的空间位置；"04 废弃物集中处理用地"里面的各个分类需依靠网上查询和遥感目视解译的方法将其分离出来。

2）基于《土地利用现状分类标准》的非直接转换部分

合并建设用地主要用于新标准中"015 人工附属绿地"、"031 立体绿化建设用地"和"051 非生态化建设用地"的辨识分类。合并建设用地（不包括道路）包括原标准："05 商服用地"、"061 工业用地"、"063 仓储用地"、"071 城镇住宅用地"、"072 农村宅基地"、"08 公共管理与公共服务用地"（不包括 087 公园与绿地）和"09 特殊用地"。由于获取遥感影像的精度限制，利用免费遥感影像可将其分为"015 人工附属绿地"和"051 非生态化建设用地"；若有高分辨率的遥感影像和建筑物的矢量轮廓图，可进一步将"031 立体绿化建设用地"从"051 非生态化建设用地"中分离出来。

合并交通用地主要用于新标准中"013 人工防护型绿地"、"032 透水铺装用地"和"051 非生态化建设用地"的辨识分类。合并交通用地包括原标准的"10 交通运输用地"。根据遥感影像提取其中有植被覆盖的区域或交通用地两侧的有明显植被覆盖的区域，将其归入"013 人工防护型绿地"，同时将河流水域周边的绿地进行经验辨识或资料支持分析判断其是否属于"013 人工防护型绿地"。对于"032 透水铺装用地"，可在有明确资料支持的情况下逐步完善其空间位置，其余地类则归入"051 非生态化建设用地"。

原标准中"124 盐碱地"则根据植被覆盖情况和空间位置将其分为新标准中"052 未利用裸地"和"01 绿地"中的对应类别；原标准中"122 设施农用地"和"20 城镇村及工矿用地"（不包括 204 采矿用地）也须根据地表覆盖状况将其分为新标准中"051 非生态化建设用地"和"03 生态化建设用地"中对应类别。

3）基于《城市用地分类与规划建设用地标准》的非直接转换部分

合并建设用地和交通用地用于新标准中对应类别的辨识方法同上文介绍。合并建设用地（不包括道路）包括原标准："H3 区域公共设施用地"、"H4 特殊用地"、"H9 其他建设用地"、"R 居住用地"、"A 公共管理与公共服务设施用地"、"B 商业服务业设施用地"、"M 工业用地"、"W 物流仓储用地"和"U 公用设施用地"。合并交通用地包括原标准的"S 道路与交通设施用地"、"H2

区域交通设施用地"和"G3 广场用地"。

原标准中"U2 环境设施用地"包含了新标准中"04 废弃物集中处理用地",但具体分类还需参考其他数据进一步确定。

原标准中"E9 其他非建设用地"包括空闲地、盐碱地、沼泽地、沙地、裸地、不用于畜牧业的草地等用地,须根据地表覆盖状况将其分为新标准中的对应类别。

6.1.2.4 模块运行流程

(1)根据基础资料收集清单将需要的资料尽可能收集,包括已用的空间数据和传统数据。

(2)依照前面提到的数据转换规则通过直接转换和非直接转换方法将取得的土地利用分类图和城市用地分类图参考其他数据转换成生态基础设施分类图。生态基础设施分类若由于资料限制无法准确详细到二级分类时,标注到一级分类即可。立体绿化建设用地和透水铺装用地等数据由于未经专门收集,规划部门所用概率极小,所以收集难度较大,仅是对现有数据库的进一步完善。同时也建议此方面的信息可以作为建筑物及道路的辅助属性信息进行对应数据的更新和维护。预期可辨识出的现有生态基础设施除了大型的斑块外,还可将街边绿地、附属绿地等小型或条形斑块的生态基础设施识别出来。

(3)以生态基础设施分类空间数据为基础,运用 ArcGIS 中的"分析工具"——"叠加分析"——"联合"功能将生态基础设施分类属性和已有资料中可作为详细辨识信息的属性进行联合录入。以广州市增城区上报的 2013 年土地利用现状数据库属性表为例,包括生态基础设施分类、土地利用类型、图版面积等。其他属性依据具体收集情况而定,如道路数据采用道路分级的线图层进行管理。

6.1.3 UEIGM 评价模块构建

此模块主要的内容是针对各种生态基础设施状况进行评价,可分为现状评价和模拟结果评价。现状评价可以让管理者发现当前城市生态基础设施存在的问题,方便管理者今后采取对应措施予以改善;也可以使管理者认清当前城市生态基础设施的各方面状况是否能满足城市生活生产的要求,进而作为城市发展速度与城市发展规模等的参考依据。模拟结果评价可以让管理者对比各种模拟方案的优劣,并选出合适的发展策略。

城市生态基础设施评价体系的评价对象涉及城市绿地、湿地、生态化建设用地和废弃物集中处理用地四大方面（表6-5），每一方面的评价角度涉及数量评价、质量评价、结构评价和功能评价等，比以往的城市绿色空间、城市生态网络等单方面评价体系考虑问题更加全面。

表6-5 生态基础设施评价体系框架及具体指标示例

	数量评价	质量评价	结构评价	功能评价
绿地	人均公共绿地面积 建成区绿化覆盖率 ……	三维绿量 景观异质性 生物多样性 物种丰富度 绿色容积率 ……	景观指数 可达性指数 均匀度指数 ……	滞尘能力 降温增湿 空气负离子水平 ……
湿地	河道生态需水量满足程度（长江健康评价指标） 年最大可利用水资源量 ……	集中式饮用水源地水质达标率 水域功能区水质达标率 水生动物完整性指数（珠江健康评价指标） ……		
生态化建设用地	建成区屋顶绿化率 生态建筑比例 地表透水铺装率 ……	绿化种植面积占绿化屋顶面积（北京市屋顶绿化规范） 植物物种多样性 ……	建筑与小区低影响开发体系完整性（海绵城市技术指南） ……	滞留雨水效果评价 增加地下水储量评价 保温隔热效果 ……
废弃物集中处理用地	城市污水处理率 城镇污水集中处理率 ……	城镇生活垃圾无害化处理率 工业固体废物处置利用率 ……	分布合理性评价 容量公平性评价 ……	重点工业企业污染物排放稳定达标率 重复利用率 ……

6.1.3.1 城市生态基础设施状态综合指数分级标准

参考国内外综合指数的常用分级方法，设计指数的四级划分标准（表6-6）。根据分级标准可以判断每一个指数以及综合指数所处的不同等级，进而发现问题指标，为管理者提供决策支持。

表6-6 城市生态基础设施状态综合指数分级标准

等级	指数值	定性评价
I	大于0.75	生态基础设施状况优良
II	0.5～0.75	生态基础设施状况较好
III	0.25～0.5	生态基础设施状况一般
IV	小于0.25	生态基础设施状况较差

生态基础设施评价体系涉及范围较广，其结果对于管理者的指导意义可以分为两大部分：空间规划问题和非空间规划问题。

1）空间规划问题

作为生态基础设施中的最主要部分，绿地和湿地在空间上对于生态系统服务和生态过程具有不可分割的作用，因此在分开评价数量和质量相关指标的同时，将两者综合考虑进行结构评价和功能评价。绿地和湿地的相关总量指标（森林覆盖率、绿色容积率等）以及结构指标（景观指数评价、可达性评价、均匀度评价等），通常来说都体现了生态基础设施空间布局存在的问题。绿地和湿地生态基础设施评价结果有利于发现其在总量和空间分布上的不足，进而可通过模拟进一步解决和优化相应格局，提高总量，优化布局。

2）非空间规划问题

针对绿地和湿地的质量指标评价，可以使管理者更好地判别在具体 EI 维护和建设中是否存在不合理的现象。构建高质量、高标准的 EI 会显著提高其生态系统服务。功能指标评价就是现有 EI 建设成果的实际效果验证，一方面可以体现某一时期 EI 对人居环境质量的贡献；另一方面也可验证长时间的 EI 建设对于其功能的改进是否具有显著的作用。

针对生态化建设用地和废弃物集中处理用地的各种评价，综合体现了城市在建设中，是否贯彻了构建生态城市、海绵城市、低影响开发、雨污分流等环保理念与目前可持续发展的水平。其评价结果难以通过空间规划进行改善，可以以建议形式，帮助管理者发现存在的问题，进而通过具体专项规划和控制性详规以及在实际建设和改造中逐步完善。

6.1.3.2　模块运行流程

1）指标体系现状值输入

根据已有的 UEIGM 空间数据库和可以收集到的《中国城市统计年鉴》《中国城市建设统计年鉴》以及地方可以提供的数据，按照构建的城市生态基础设施评价体系进行现状值的录入。

2）选择评价方法与确定阈值

本书推荐的评价方法为全排列多边形综合图示法，需要确定的阈值包括指标理论最小值、理论最大值、理想值或参考值等。

3）现状评价结果分析，找出对应问题

根据已有的数据将现状值按照评价方法的要求进行归一化处理，并计算出综合指数值。针对评价结果，找出目前制约城市生态基础设施发展的主要问题。

若主要问题涉及非空间规划能解决的问题，则导出管理建议，提示相关管理部门在城市建设中应注意和加强的问题；若主要问题涉及空间规划需要解决的问题，则针对该问题给出适用的具体模拟模型。

4）对模拟结果进行评价再分析，筛选最优方案

根据模拟模块的情景模拟结果，针对改善的指标部分，进行针对性的再评价分析，并进行对比分析，筛选出最优的方法。

6.1.4 UEIGM 模拟模块构建

系统模拟是在系统辨识现状的基础上对目标系统进行的定量化模拟。随着城市化进程的不断加快，关于城市生态基础设施管理最为紧迫的问题就是如何在建设用地不断扩张的情况下最大限度地保护生态基础设施结构和功能的完整性。因此，这部分模拟模块在概述了标准化模拟流程的基础上，重点介绍了所构建的景观格局保护综合模拟方案及其应用的子模型。

6.1.4.1 标准化模拟流程

出于知识结构的限制，UEIGM 中模拟模块仅是对空间规划可解决问题进行模拟。通常针对评价模块中空间类的评价指标，都有对应空间模拟方法对其进行模拟改善，如完善可达性分析指标可利用 GIS 和多目标区位配置模型进行优化选址，提高景观指数评价结果可通过重力模型结合最小成本路径分析和图论确定最优的生态基础设施网络布局。因此，本书针对可能面对的拟解决问题，梳理了标准化模拟流程（图 6-2），对不同的需要解决的问题具有普适性。

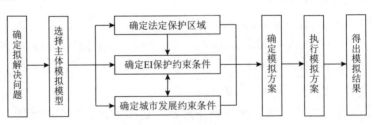

图 6-2　标准化模拟流程

其中，法定保护区域是针对城市中明文规定的应该保护的区域，模拟过程中这类区域一般没有明文规定，是默认其属性不发生变化，而法定保护区的

确定常常作为 EI 保护约束条件中的一项。EI 保护约束条件大体上可分为两类：已有 EI 区域的保护条件和应由非 EI 用地改建成 EI 用地的改建条件。同样城市发展约束条件也包括两类：禁止建设为非 EI 用地的约束条件和发展过程中优先建设的约束条件。最后需综合考虑各种约束条件以及主体模拟模型，确定模拟具体的实现方案。

6.1.4.2 景观格局保护综合模拟方案

本书通过 EI 核心区域识别、合理 EI 面积核算以及 EI 布局优化与构建逻辑关系的思考，借鉴前人研究的大量案例，针对市域尺度建设过程中景观格局保护遇到的问题，提出了景观格局保护综合模拟方案，明确了具体的操作流程。图 6-3 将景观格局保护综合模拟方案以流程图和示意图的形式进行了直观的展示。

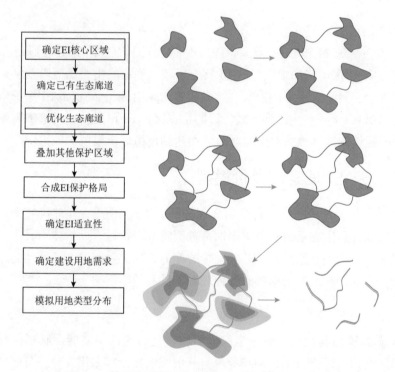

图 6-3　景观格局保护综合模拟方案流程图和示意图

1）EI 核心区域

EI 核心区域的识别一般由两部分组成：当地法定保护用地和具有高生态

系统服务的区域。但并非所有上述两部分用地都是 EI 核心区域。因此，将法定保护用地和因子叠加识别出的具有高生态系统服务的区域先进行合并。之后对合并的区域依据一定面积标准筛选出连续的较大独立斑块作为核心区域。核心区域外边界应大致上成凸多边形，对于大体趋势成凹多边形的区域应将其分开成多个凸多边形，便于后续生态廊道的选择。

2）生态廊道

具体生态廊道的确定是连接 EI 核心区域，构成完整 EI 结构的重要组成部分。此部分的设计是为完善区域整体的景观格局，保证物种可以在不同的 EI 核心区域间迁移时有更多的选择通道。确定的生态廊道除了已有的完整生态廊道外，也会存在有建设用地占用的情况，此时就需要权衡投入的资金与产出的生态廊道价值之间的利弊，最终确定生态廊道的数量和空间位置。对于生态廊道宽度的要求，朱强等（2005）总结了不同类型或功能的生态廊道对宽度的不同要求。

3）EI 保护格局与适宜性评价

由于在筛选 EI 核心区域过程中，将一部分面积较小的保护区域排除了，因此在合成 EI 保护格局中应包括 EI 核心区域、确定的生态廊道以及小型的脚踏地（耕地、河流、水源保护区、建成区永久绿地等）。确定了 EI 保护格局后将此格局引入 EI 适宜性评价体系，目的是在保护 EI 格局的同时，确定城市发展扩张中建设用地选址的顺序问题，从而达到模拟城市发展的效果。

6.1.5 EI 适宜性评价模型

脆弱与重要的生态系统都是需要保护的，因此 EI 适宜性评价模型是将生态系统脆弱性和生态系统服务重要性两方面因素进行综合而构建。其中，生态系统脆弱性是指生态系统抵抗外界干扰的能力，生态系统服务重要性是指生态系统为人类生存和发展所提供的各种环境条件及效用。

6.1.5.1 生态系统脆弱性

生态系统脆弱性从自然因素和人为因素进行考虑，对能反映抵抗外界干扰能力的常用指标进行了归纳和分级。其中脆弱性分级采用 4 分打分制，分值越高说明其脆弱性越强，反之则越弱。每个具体指标的权重根据指标间相互重要性矩阵通过层次分析法确定。最终的生态系统脆弱性指标值为 1～4 范围内不连续数值（表 6-7）。

表6-7 生态系统脆弱性分级表

	河流缓冲带 /m	无缓冲带	0～200	其他
	赋值	4	2	1
	植被覆盖度 /%	＜30	30～55	55～80	＞80
	赋值	4	3	2	1
自然因素	坡度 /（°）	0～10	10～15	15～20	＞20
	赋值	1	2	3	4
	地貌类型（海拔 /m）	平原（＜50）	丘陵（50～150）	中山、低山（150～500）	高山（＞500）
	赋值	1	2	3	4
	道路缓冲带 /m	0～200		其他	
	赋值	4		1	
人为因素	土地利用类型	林地、水体	城乡用地	耕地、草地	荒地
	赋值	1	2	3	4

注：模型中所列出的参数应根据当地实际情况进行适当调整

6.1.5.2 生态系统服务重要性

生态系统服务涉及的范围较广，此处仅选择较常用的水源涵养重要性、土壤保持重要性、生物多样性维护重要性三项指标综合得到生态系统服务重要性。其计算公式如下：

$$ES = C_1 \times WC_{RC} + C_2 \times SC + C_3 \times BDC$$

式中，ES 为计算单元生态系统服务重要性值；WC_{RC} 为计算单元分级水源涵养重要性值，根据水源涵养重要性值，将计算单元聚类统计分为 4 级，从低到高赋值为 1～4；SC 为计算单元土壤保持重要性值，按照土壤保持重要性从一般重要到重要赋值为 1～4；BDC 为计算单元生物多样性维护重要性值，按照生物多样性维护重要性从低到高赋值为 1～4；C_1～C_3 分别表示 WC、SC、BDC 因子的权重，常采用层次分析法进行权重的确定。

1）水源涵养重要性模型

生态系统水源涵养功能包括生态系统涵养水源、改善水文状况、调节区域水分循环等功能。从土地利用类型考虑，植被覆盖度越高相应蓄水能力也越高；蓄水能力中等的植被类型为灌木、草地等；蓄水能力较差的植被类型多为农作物和裸地以及硬化地表。从地貌类型角度考虑，高山、中低山、丘陵、平

151

原水源涵养功能依次降低。从降水量角度考虑，降雨量越大，单元水源涵养重要性越高。因此水源涵养重要性结果是采用加权叠加方法对土地利用类型、地貌类型、降水量三个因子综合而得，计算公式以及各因子分级标准如下：

$$WC = \sum_{i=1}^{3} C_i W_i$$

式中，WC 为计算单元水源涵养重要性指数；C_i 为计算单元第 i 因子重要性分级值；W_i 为计算单元第 i 因子权重，常采用层次分析法进行权重的确定（表6-8）。

表6-8　水源涵养重要性分级表

土地利用类型	地貌类型（海拔）/m	降水量 /mm	重要性	分级赋值
水体、有林地［植被覆盖指数（fractional vegetation cover, FVC）> 0.88］	高山 > 500	> 2050	极重要	4
其他林地（FVC < 0.88）	中山、低山 150 ～ 500	1900 ～ 2050	重要	3
灌木、草地	丘陵 50 ～ 150	1750 ～ 1900	比较重要	2
农作物、城乡用地、荒地	平原 < 50	< 1750	一般重要	1

注：模型中所列出的参数需根据当地实际情况进行适当调整

2）土壤保持重要性模型

土壤保持重要性随着生态系统脆弱性的增强而增强，随着水体级别的降低而降低。表 6-9 将生态系统脆弱性及影响水体两因子进行了结合，赋值为 1 ～ 4，值越大，其重要性越高。

表6-9　土壤保持重要性分级表

影响水体	生态系统脆弱性			
	不脆弱	略脆弱	较脆弱	脆弱
一级河流集水区、一级水源保护区及水库	2	3	4	4
二级河流集水区域、二级水源保护区	1	2	3	4
三级及以上河流集水区域	1	1	2	3

3）生物多样性维护重要性模型

生物多样性及其栖息地是人类赖以生存的基础，不同的生物栖息地类型，其物种多样性是不同的。自然保护区等保护区域由于受到特殊的保护，生物生存条件较好，物种多样性高；其他地区生物多样性从林地到灌木林、草地再到农田逐步降低。因此可根据物种栖息地不同分别进行赋值来构建生物多样性维护重要性模型（表 6-10）。

表6-10 生物多样性保护重要性分级表

栖息地分类	重要性	赋值
自然保护区	极重要	4
自然风景名胜区、林地、水体	重要	3
灌木林、草地	比较重要	2
耕地、居民点、其他	一般重要	1

4）EI 适宜性评价模型

采用加权叠加模型对生态系统脆弱性与生态系统服务重要性指标进行综合得到 EI 适宜性评价模型，计算公式如下：

$$EIS = C_1 \times EV + C_2 \times ES$$

式中，EIS 为计算单元生态系统保护度值，取值范围为 [1,4]；EV 为计算单元生态系统脆弱性值，取值范围为 [1,4]，代表生态系统从不脆弱到脆弱；ES 为计算单元生态系统服务重要性值，取值范围为 [1,4]，代表生态系统服务重要性从低到高；C_1、C_2 分别为 EV 和 ES 两因子的权重，常采用层次分析法进行权重的确定。

6.1.6 其他模型

6.1.6.1 引力模型

生态廊道的构建主要依据 EI 核心区域之间的相互影响和吸引的程度。评估两个斑块之间相互作用强弱的常用模型为引力模型。

$$G_{ab} = \frac{N_a N_b}{D_{ab}^2}$$

式中 G_{ab} 为 a、b 两点之间的引力；N_a、N_b 分别为 a 和 b 的质量；D_{ab} 为 a、b 间质心的距离。计算斑块间引力时，N_a、N_b 用经过标准化的 a 和 b 的面积来代替，D_{ab} 用经过标准化的 a 和 b 间的累积距离来代替。

6.1.6.2 最小累积阻力模型

最小累积阻力（minimal cumulative resistance，MCR）模型最早起源于物

种扩散过程的研究，由 Knaapen 于 1992 年提出，但并不局限于特定的具体生态过程，由于其简洁的数据结构、快速的运算法则以及直观形象的结果，最小累积阻力模型被认为是景观水平上进行景观连接度评价最好的工具之一。

此模型经国内俞孔坚（1999）修改用下式表示：

$$MCR = f_{min} \sum_{j=n}^{i=m} (D_{ij} \times R_i)$$

式中，MCR 为最小累计阻力值；f 为一个反映空间任意点的最小阻力与其到所有源的距离和景观基面特征的正相关关系函数；min 为景观单元 i 对于不同的源 j 选取累积阻力最小值；D_{ij} 为景观单元 i 到源 j 的空间距离；R_i 为景观单元 i 向源 j 转变过程中受到的阻力系数。

6.2　城市生态基础设施通用管理模型案例应用

6.2.1　研究区概况

广州市增城区位于广东省中东部、广州市东部，行政面积为 1616.47km²，下辖 7 个镇 6 个街道，284 个行政村和 58 个居委会，常住人口 126.01 万人。2019 年，全区实现地区生产总值 1010.49 亿元。广州市增城区是全国著名的荔枝之乡、牛仔服装名城、新兴的汽车产业基地和生态旅游示范区。全区森林覆盖率达 53.23%，拥有白水寨国家 4A 级景区和湖心岛等众多景点，以及 3km² 水面的挂绿湖、553km 绿道和 24 个森林公园（数据来源于广州市增城区人民政府网站）。

随着广州市"东进"战略的加快推进，增城区作为广州市重点发展的五大片区之一，相关产业和轨道交通等城市基础设施也在逐渐向增城转移。因此，对快速发展的增城区进行科学的生态基础设施规划、修复和管理，对增城区既做好广州市的后花园，又能把握机遇加快发展，具有重要的意义。

6.2.2　增城区生态基础设施现状辨识

6.2.2.1　数据搜集与预处理

基础研究资料与底图包括增城区相关部门提供的增城区行政区划图、土

地利用分类现状图（2013 年）、卫星遥感影像图（2013 年）、数字高程图（DEM）以及人口、经济、交通、区位、土壤、植被、地质、气象、水文等资料。在 ArcGIS 软件的支持下，将所有数据进行矢量化或最小单元为 30m×30m 的空间网格化，受数据来源制约将部分数据行政边界空间化。收集和派生出的所有数据用于建立 UEIGM 空间数据库。

6.2.2.2 生态基础设施分类现状

为得到增城区生态基础设施分类现状图，依据建立的生态基础设施数据转换规则，首先对收集到的增城区土地利用分类现状图（2013 年）进行了直接转换。非直接转换部分，由于数据获取难度的限制，仅依据遥感影像对污水处理厂进行了肉眼识别提取。两者结合得到增城区生态基础设施分类现状图（图 6-4）。

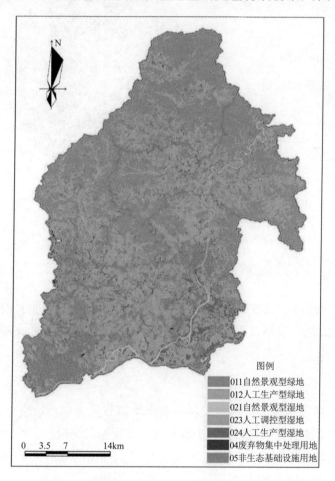

图例
- 011自然景观型绿地
- 012人工生产型绿地
- 021自然景观型湿地
- 023人工调控型湿地
- 024人工生产型湿地
- 04废弃物集中处理用地
- 05非生态基础设施用地

0 3.5 7   14km

图 6-4 增城区生态基础设施分类现状图（2013 年）

通过增城区的 EI 分类现状分析（图 6-5）可以看出，包括各类建设用地以及未利用裸地等的面积总和仅占市域面积的 16%，其余均为 EI 用地。EI 用地当中，面积最大的为自然景观型绿地，约占总面积的 41%。以上现状辨识结果直观地说明，该城市生态本底优越，生态基础设施现状较好。但是增城作为广州市"东进"战略上的重要节点，未来还将在吸纳疏解广州市中心城区人口、功能和产业上发挥更大、更关键的作用，将面临更大规模的城镇化进程。因此，此案例中 UEIGM 模型的重点将落在模拟城市发展，并对模拟结果和现状（2013 年）进行评价对比，以验证此模型是否可达到保护 EI 结构和功能完整性的作用。

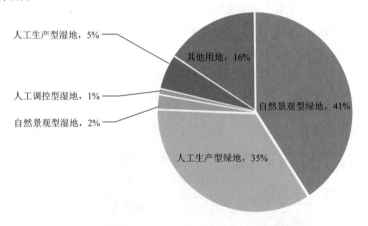

图 6-5　增城区生态基础设施分类现状分析图（2013 年）

6.2.3　增城区景观格局保护综合模拟方案

选择景观格局保护综合模拟方案对增城区城市化进程进行空间模拟，目的是使城市在快速发展过程中仍能保持较好的景观格局，从而最大限度地保护 EI 的功能。

6.2.3.1　明确 EI 核心区域及已有生态廊道

生态基础设施核心区域的识别一般由两部分组成：当地法定保护用地和具有高生态系统服务的区域。出于收集到已有数据的局限性，增城区生态基础设施核心区域的识别将由 EI 适宜性评价模型识别出的具有高生态系统服务的核心区域构成。整个 EI 核心区域的提取和处理流程见图 6-6。

城市生态基础设施评估与管理

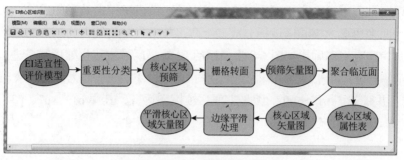

图 6-6　EI 核心区域识别流程图

　　首先根据 EI 适宜性评价模型将整个增城区划分成 30m×30m 的栅格地块，并得到 2013 年增城区范围内每个栅格地块的 EI 适宜性评价结果，结果取值范围为 [1,4]，值越大表示该栅格越适宜作为生态基础设施用地（图 6-11）。之后根据 EI 适宜性从高到低排列选取适宜性最高的 20%，再从中筛选连续面积大于 5hm² 的斑块作为 EI 核心区域（图 6-7）。所选出的核心区域有部分在边界

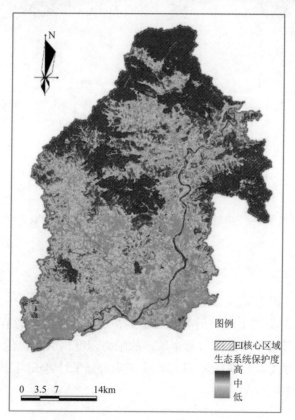

图 6-7　增城区 EI 适宜性评价结果及其核心区域（2013 年）

157

上呈现凹多边形，且连续面积过大，但出于后续模型模拟效果的需要，将部分边界为凹多边形的核心区域拆分成多个凸多边形，并将其人为断开的连接部分直接归为已有生态廊道。图6-8将最后的EI核心区域规范化处理结果进行了展示，最终将提取出来的六大核心区域 [图6.8（a）] 划分成九大核心区域 [图6.8（b）]，并赋予了p1～p9的编号方便后续模型运行，其中p1～p7、p3～p9、p8～p9为已有生态廊道。

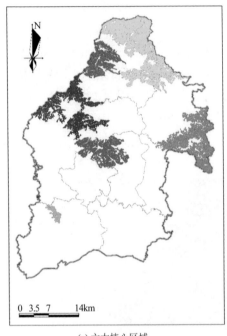

(a) 六大核心区域   (b) 九大核心区域

图 6-8 增城区 EI 核心区域规范化处理结果及编号

6.2.3.2 明确优化生态廊道

1）构建 EI 阻力面

由于现有的不同土地利用类型对于生态廊道建设的阻力有所不同，廊道的选取需综合考虑实际距离与每个地区的阻力程度，因此构建了基于 EI 分类的阻力值赋值方式（表 6-11），并以此生成阻力面来计算 EI 各核心区域间的最短距离及具体路径。

表6-11 基于生态基础设施分类的生态阻力赋值表

一级分类		二级分类		生态廊道识别阻力值
编码	名称	编码	名称	
01	绿地	011	自然景观型绿地	1
		012	人工生产型绿地	10
		013	人工防护型绿地	10
		014	人工游憩型绿地	10
		015	人工附属绿地	100
		016	其他绿地	100
02	湿地	021	自然景观型湿地	1
		022	自然供给型湿地	1
		023	人工调控型湿地	10
		024	人工生产型湿地	10
		025	其他湿地	100
03	生态化建设用地	031	立体绿化建设用地	100
		032	透水铺装用地	1000
		033	其他生态化建设用地	1000
04	废弃物集中处理用地	041	生活污水处理设施用地	100
		042	生活垃圾无害化处理设施用地	100
		043	工业污水处理设施	100
		044	危险废弃物处理用地	100
		045	其他废弃物处理用地	100
05	非生态基础设施用地	051	非生态化建设用地	1000
		052	未利用裸地	100
		053	其他非生态基础设施用地	1000
06	其他用地			1000

2）批量处理任意区域间最小累积阻力模型

通过引力模型公式可知，要想分析核心区域之间相互作用大小，必须计算任意核心区域间的最小累积阻力值，一般可通过 ArcGIS 软件中的"空间分析"—"距离分析"—"成本距离"工具计算得出。此工具一次仅能分析一对一或一对多区域间的最小累计阻力值，并且是以栅格累积阻力面的形式输出，但实际对于景观格局分析来说，通常是需要计算多个区域中任两个之间的最小积累阻力值。

因此，针对此问题本研究通过 ArcGIS 自带的"model"建模工具，基于成本路径分析工具和迭代运算，构建了批量处理任意区域间最小累积阻力模型，可实现自动计算多点或多个面区域任意两两之间的最小累积阻力值，并返回到对应点的属性表中。图 6-9 展示了该模型的构建过程，图 6-10 展示了核心区域象征点对应的属性表，其矩阵值即为对应两个核心区域的最小累积阻力值。

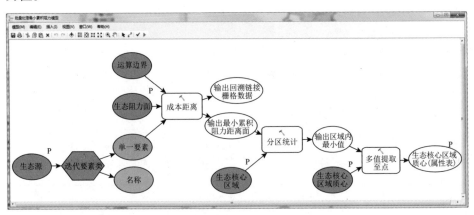

图 6-9　批量处理任意区域间最小累积阻力模型

	Shape *	核心斑块	p1	p2	p3	p4	p5	p6	p7	p8	p9
	点	p1	0	1530.365	21012.34	17509.24	29876.12	61265.14	0	19711.9	12349.77
	点	p2	1572.792	0	9464.405	18950.72	18328.29	49717.31	212.132	8163.955	801.8376
	点	p3	21054.77	9494.404	0	25037.83	1872.792	33261.92	19454.25	1283.087	30
	点	p4	17516.55	18950.71	25020.28	0	20443.24	57228.13	7011.162	36925.78	29818.19
	点	p5	29918.6	18358.31	1885.218	20490.8	0	25646.55	23750.86	10968.68	8537.422
▶	点	p6	61344.91	49784.63	33311.7	57313.02	25696.26	0	58437.23	35973.29	39963.88
	点	p7	30	187.2792	19454.25	7011.168	23750.88	58387.5	0	18153.8	10791.68
	点	p8	19784.32	8223.954	1283.086	36973.38	10968.68	35960.86	18183.84	0	30
	点	p9	12392.21	831.8376	0	29818.31	8537.42	39960.52	10791.69	0	0

图 6-10　批量处理结果图

3）基于引力模型的相互作用矩阵

　　将每个核心区域进行两两连接，会实现整个网络的最大连通性，但实际情况是有些廊道建设成本太高，在实际中难以实现，因此选择对整个生态系统具有重要意义的廊道进行保护将较大程度地保护网络的复杂性。基于此，选用引力模型来判断核心区域之间的相互吸引力，进而判断廊道的相对重要性。将每个核心区域的面积以及两两之间最小累积阻力值进行适当数学变换后代入引力模型，得到了斑块之间的相互作用矩阵。

4）基于图论模型的网络构建方案

　　运用图论方法将研究区域进行简化，EI 核心区域抽象成点，生态廊道抽象成直线，并借鉴几种常用网络构建方案，构建了以下 6 个情景（图 6-11）。

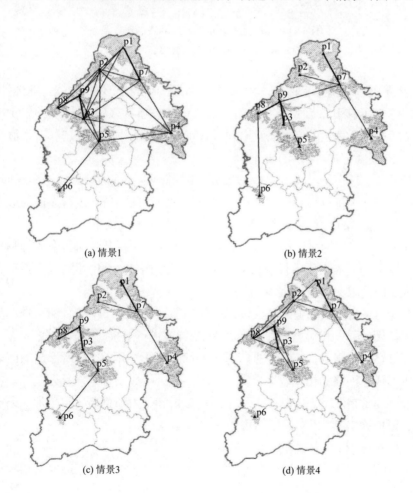

(a) 情景1　　　　　　　　　　　　　　(b) 情景2

(c) 情景3　　　　　　　　　　　　　　(d) 情景4

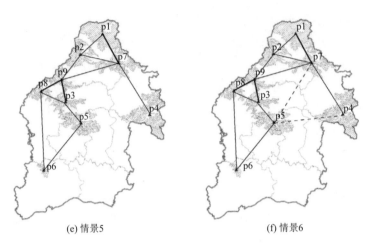

(e) 情景5   (f) 情景6

图 6-11 增城区生态基础设施网络构建方案

注：图中的字母和数字代表生态网络节点

情景 1：采用常用网络结构中使用者消耗最小的环形网络方案，根据相互作用矩阵中所有引力值的降序排列，依次将节点连接入网络中，形成网络 1。出于实际成本合理性的考虑以及空间位置重叠性排除，本研究选取引力值大于 5.57 的 20 条廊道进行网络 1 的构建。

情景 2：最小生成树方案，常用分枝网络中最基本的结构，不构成回路。通过比较矩阵中每行引力值的大小，选出最大值对应的节点进行连接，形成了网络 2。所构建的方案由于廊道数较少，因此阻力值也较小。

情景 3：等级网络结构方案，同样不构成回路。将节点与所在的行和列值进行对比，选择最大值进行节点的连接，形成网络 3。所构建的方案由于廊道数较少，因此阻力值也较小。

情景 4：为解决廊道建设成本过高的问题，在情景 1 中结合图示进一步筛选相互作用较强、相对重要性较高的 11 条廊道进行连接，形成网络 4。

情景 5：将网络 2、3、4 进行叠加和筛选，形成网络 5。所形成的网络回路基本形成，网络结构比较完善。

情景 6：在网络 5 的基础上基于图示分析和阻力值判断，拟增加 2 条规划廊道，形成网络 6，以对网络结构进行改善。

5）网络评价与方案确定

在图论分析中，网络评价主要应用一系列能体现网络连接度的指标进行评价，进而对比不同网络的结构优化程度。本研究选用四个在与景观格局结合的图论分析中常用的指数：α 指数、β 指数、γ 指数和成本比指数（Cost_ratio）进行不同情景的网络评价。α 指数为网络闭合度的量度，用来描述网络中回路出现的程度，α 指数越高表明生物物种在穿越生态网络时可供选择的扩散路径越多，从而能够避免干扰和降低被捕食的可能性。β 指数代表了网络中每个节点的平均连线数，$\beta < 1$，表明生态网络为树状结构；$\beta = 1$，表明形成单一回路；$\beta > 1$ 时，表明网络连接水平更复杂。γ 指数用来描述网络中所有节点被连接的程度。成本比指数用来量化网络的平均消费成本，主要反映网络的有效性。

$$\alpha = \frac{L - V + 1}{2V - 5}, \quad \beta = \frac{L}{V}, \quad \gamma = \frac{L}{3(V - 2)}, \quad \text{Cost\_ratio} = 1 - \frac{L}{D}$$

式中，Cost_ratio 为成本比；L 为廊道数；V 为节点数；D 为廊道长度（标准化值）。

通过表 6-12 可以看出，情景 6 的 α 指数、β 指数、γ 指数相比情景 2、3、4、5 而言均较高，而成本比上升则较少；并且与情景 1 相比，节省了许多空间重复性较高的生态廊道，降低了成本比，在整体构架上也更为完整。因此，情景 6 为选出的优化效果较好的网络结构方案。

表6-12　增城区生态基础设施网络评价

情景	V	L	α	β	γ	Cost_ratio
情景 1	9	20	0.92	2.22	0.95	0.80
情景 2	9	8	—	0.89	0.38	0.74
情景 3	9	7	—	0.78	0.33	0.59
情景 4	9	11	0.23	1.22	0.52	0.24
情景 5	9	12	0.31	1.33	0.57	0.71
情景 6	9	14	0.46	1.56	0.67	0.75

6.2.3.3　合成 EI 保护格局

选取情景 6 构建方案，在 ArcGIS 中实现最小积累阻力值对应的最小成本路径的空间视图，针对有些模拟路线存在重叠等问题进行微调后最终确定为优化生态廊道。最终展示在地图上的网络构架如图 6-12 所示。

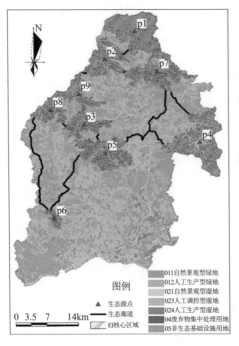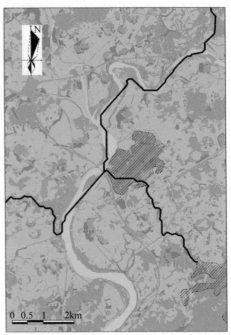

图例

- 011自然景观型绿地
- 012人工生产型绿地
- 021自然景观型湿地
- 023人工调控型湿地
- 024人工生产型湿地
- 04废弃物集中处理用地
- 05非生态基础设施用地

▲ 生态源点
— 生态廊道
▧ EI核心区域

0 3.5 7 14km

0 0.5 1 2km

图 6-12　增城区优化生态廊道及局部细节图

可以看出，p4、p5、p7 三点间的生态廊道有重合并交于一点。此处正好是自然景观型生态基础设施，因此将该交汇处作为核心区域保护有利于增加 EI 网络的连通性，因此也将该区域划入核心区域范围进行保护。

EI 核心区域与优化的生态廊道的识别与确定充分考虑生态基础设施的适宜性与景观格局的完善，是 EI 保护格局中十分重要的组成部分。除此之外，EI 保护格局中还包括河流水体以及两岸等组成的水安全格局以及政府明文规定的其他保护区域，如基本农田、饮用水源保护区等。因此，合成 EI 保护格局就是将上述收集到的所有资料进行叠加，形成最终的 EI 保护格局。由于部分数据的不可获得性以及数据精度不够的问题，此处 EI 的保护格局主要由自然景观型湿地（自然河流以及湖泊）、人工调控型湿地（水库）、耕地以及 EI 保护区域组成。最终的 EI 保护格局及其对应生态基础设施分类空间现状如图 6-13 所示，其具体组成面积百分比如图 6-14 所示。

图例
■ 011自然景观型绿地
■ 012人工生产型绿地
■ 021自然景观型湿地
■ 023人工调控型湿地
■ 024人工生产型湿地
■ 053非生态基础设施用地

0 3.5 7   14km

图 6-13 增城区 EI 保护格局及其生态基础设施分类现状

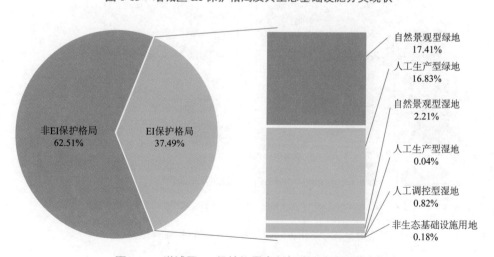

图 6-14 增城区 EI 保护格局中各部分所占面积比例

通过上述分析可知，部分优化的生态廊道占用了原有的非生态基础设施用地，其中绝大多数为建设用地，所以为保证 EI 格局的完整性，需在城市建设过程中恢复一部分建设用地作为生态廊道，并在城市发展中避开必要的生态廊道。

6.2.3.4 基于 EI 保护格局的城市扩张空间分布模拟

从图 6-15 可以看出，在 EI 保护格局以及 2013 年已有的建设用地之间存在较大的可支配区域，而城市扩张用地空间分布模拟的作用则是在明确城市建设用地扩张需求的基础上，模拟出新增建设用地合理的空间分布。本模型的特点是具有通用性和动态性，可以模拟出任意建设用地扩张面积需求下其新增用地的合理空间分布，但该模型无法估算城市建设用地扩张需求。因此，为验证新增建设用地空间分布模拟效果以及模型是否具有动态性和通用性，本研究拟选择两个情景进行模拟：模拟建设用地面积扩张到 400 km² 以及 650 km² 时的空间分布（图 6-15）。模拟规模的选择则是为了突出模型的模拟效果，并非当地实际建设用的需求。

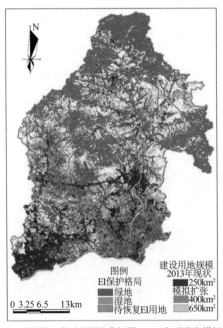
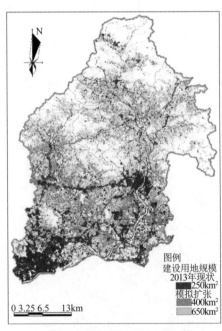

(a) EI保护格局与建设用地叠加图（2013年现状和模拟）　　(b) 建设用地规模（2013年现状和模拟）

图 6-15　基于 EI 保护格局的增城区扩张模拟图

具体模拟过程如下：首先明确 EI 保护格局，将其叠加在之前得出的 EI 适宜性评价结果上，并将其 EI 适宜性赋值为最大值。之后，将整个研究区栅格地块对应的 EI 适宜性计算值从低到高排序，并筛选出 EI 适宜性最低的建设用地需求面积。最后，将筛选出来的栅格地块展示在地图上，完成其空间分布的模拟。

　　总体来说，此方法可在保障 EI 保护格局不受到侵蚀的情况下，优先选择 EI 适宜性较低的区域转化成建设用地，从而完成不同建设用地规模的空间分布模拟。

第 7 章
城市生态基础设施管理对策与模式

7.1 城市生态基础设施管理对策

从城市复合生态适应性管理的角度，城市生态基础设施管理需要从以下几方面进行优化。

7.1.1 加强机构建设，促进部门间协同联动

建立城市生态基础设施建设领导小组，由主要领导担任小组组长和常务副组长，各委办局主要领导和专业人员为生态领导小组成员，下设领导小组办公室，负责城市生态基础设施建设工作的全面开展。通过城市生态基础设施建设领导小组的统一领导，对城市生态基础设施建设的重大事项进行统一部署、综合决策、各部门之间互相协作，实行党政一把手亲自抓、总负责。

通过综合决策，将城市社会、经济等领域发展战略与建立生态文明城市战略相衔接，构建并不断完善各级政府部门之间协调联动监管机制，畅通沟通渠道，加强信息通报，实现定期会商，开展联合执法。

7.1.2 重视生态管理，改进管理方法和实效性

一方面，要完善区域发展调控体系。要将区域内的各项生态资源进行整合，形成多层次、立体化、网络化、复合型的生态系统，依托管理体系的整合形成制度红利，加快建立资源节约型和环境友好型社会。需要克服区域间发展不均衡的问题，在城市资源承载力范围内，建立有效的生态补偿机制，完善土地共轭管理、生态资源反哺生态基础设施建设等制度，加上强化宣传、树立榜样、引导激励等方式，加快提升城市生态基础设施复合生态适应性管理的实效性。

另一方面，要重视管理的方式方法。打造城市生态基础设施管理的良好氛围，建立健全良好的城市生态管理协作机制，保证上情下达和下情上报的通透性。更要加大政府、企业对城市资源承载力的保护和生态管理项目资金、人力、技术等方面的支持。

7.1.3 优化管理主体，提高公众参与力度

在城市生态基础设施建设体系中，社会公众是一个非常重要的组成部分，

也是加快推进生态建设的一个核心主体，必须进一步提高公众和非政府组织参与生态管理的主动性，使之积极投身于生态文明建设之中。

一方面，要为公众提供广泛、科学的参与平台，加强宣传和引导。政府相关部门要高度重视社会公众和非政府组织在城市生态适应性管理中的重要作用，形成标准化协同管理机制，鼓励、引导他们参与生态建设，建立城市生态管理统一战线。可以通过开展大型活动、发放宣传单、播放宣传片、入户宣传等方式，呼吁广大的社会公众参与到城市生态适应性管理工作中去，不断吸收社会公众智慧。鼓励社会公众通过多重媒介方式参与到生态管理工作中去，积极发挥出其建议、监督的重要作用。

另一方面，建立和完善生态管理民主参与机制。随着城市生态环境问题日益凸显和恶化，公众开始关注和参与生态保护活动，共同建设生态城市意识逐渐复苏。但是由于参与生态管理大部分仅限于被宣传教育层面，参与度相对较低，参与效果较差。公众作为生态保护利益相关者，每个人都应当承担起相应的责任和义务。这就要求当地政府，乃至中央政府继续完善我国生态民主参与法律制度，加强生态环境信息公开制度，大力推动和发展非政府环保组织的发展，继而发动整个社会的力量关注生态管理，提高生态管理的效率和质量。

7.1.4 完善管理规范，建立标准化管理流程

2015年中共中央办公厅、国务院办公厅先后印发《生态文明体制改革总体方案》、《党政领导干部生态环境损害责任追究办法（试行）》及《生态环境损害赔偿制度改革试点方案》等方案细则，说明现阶段的城市生态管理需要一部法律指引，实际工作中也需要相关指导细则指导实践。针对处于不同发展阶段的城市生态管理，需要因地制宜制定、强化地方标准。

对于城市生态基础设施建设，应当通过制定和完善城市生态管理相关的法律法规及相应的标准体系，把城市生态管理工作纳入标准化轨道。加快制定城市生态管理的标准规范及相关制度；建立健全相关监管监测、绩效考核条例。同时也需要中央层面制定基础导则，开展试点省、市、区示范工作，保证资金合理投入，引入市场机制；合理界定政府在城市生态管理方面的主要职责和任务，深化对标准化管理的认识，使标准化管理成为政府实现科学管理、精细管理的主要手段。同时，信息技术与公共管理结合是未来城市管理的趋势，有关部门也应依托现代化数字技术，通过对城市管理信息化的建设，建立城市生态管理数字化的监督体系，将数字化网格化管理落到实处，实现更快发现问

题、更有效解决问题、更严格的监督考核机制。

7.1.5　增强信息管理，构建生态环境信息管理体系

构建以生态环境信息资源统一管理为特征的信息管理体系，建设统一的环境信息专网、数据中心和共享平台，促进环境信息现代化建设，进一步强化环境信息化工作的统一领导。

首先，成立信息化工作领导小组，负责全区环境信息化建设的总体协调工作，环境信息化建设总体规划和重大项目的审批，协调落实环境信息化建设经费；分解区各处室、各直属单位职责，研究解决项目建设中的重大问题。

其次，成立信息化工作小组，理顺环境信息管理体制，对环境信息化建设实行归口管理，将按照"统一规划、统一标准、统一平台、统一建设、统一管理"的原则，加快环境信息化建设项目"部门立项、归口管理、共享集成、集中运维"的步伐，逐步对全区现有环境信息系统进行更新升级，构建省级环境信息综合管理平台，提高环境管理信息资源的共享水平。

最后，要建立全区统一的环境监测点位、重点污染源等环境要素的分类与编码标准，实现环境保护数据的"一次采集、多个系统使用"；加强环境信息网络资源的共建共享，推进全区环境保护业务专网的建设，实现城市环保局及其下属单位的"一网通"；推进环境信息共享机制的建设，加强环境保护历史信息资源的整合与开发利用，建立区级环境信息技术重点实验室，对影响全区环境保护信息化进程的关键技术进行攻关，组织研发全区急需的业务应用软件系统，开展软件的"一次开发全区使用"的模式示范，从根本上解决环境信息共享的难题。

7.1.6　科学改造和完善城市湿地–绿地–活化地表–污染调节–生态廊道生态基础设施网络

保障生态基础设施的结构完整性和功能完善性，保证适宜的生态用地规模和格局，对于提高城市生态系统服务，改善城市环境具有重要作用。

加强城市生态基础设施即城市的湿地（"肾"），绿地（"肺"），地表和建筑物表层（"皮"），废弃物排放、处置、调节和缓冲带（"口"），以及城市的山形水系、生态交通网络（"脉"）等在生态系统尺度上的有机整合，以保障城市生态安全、提高城市生态品质和维持城市生态平衡。

恢复城市湿地的"肾功能"：与传统绿地相比，"下沉式绿地"可平均减少 75% ~ 80% 的地面雨水径流，对总悬浮物（TSS）、总磷（TP）、总氮（TN）、重金属和病原体的去除率分别为 80%、60%、50%、45% ~ 95% 以及 70% ~ 100%。要在有条件的地方提倡将下沉式渗滤绿地、雨洪滞留湿地和多级净化湿地相结合，变硬化地表为活化地表，景观湿地为功能湿地，有效削减进入管网的污染物。

建立一套具有适应性的生态基础设施的技术集成与系统管理规范和标准，以指导不同城市进行城市生态基础设施的工程设计、建设和管理。

7.2 城市生态基础设施适应性综合管理模式

20 世纪 70 年代，生态学家 Carl J. Walters 提出了适应性管理模型，将这种新型的管理模型定义为：预测、描绘管理目标的不确定性和复杂性后，进行持续的动态管理，最终作出优化决策的管理过程。适应性管理过程涉及多个领域、交叉学科，并没有广泛应用于复杂的生态管理中。如今，面对日益严峻复杂的生态环境问题，越来越多的学者开始在自然、经济、社会领域研究适应性管理模式的应用。适应性管理的一般方法如图 7-1 所示。

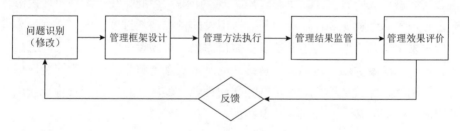

图 7-1 适应性管理的一般方法

适应性管理是一个以监管和评价为核心的循环学习过程，也是一个持续的、不间断的监管、评价、检验、假设、修改等过程的螺旋前进的过程。结合众多学者的观点，本研究认为，适应性管理是条件非确定背景下一种理想管理的规范方法，该方法有利于解决复合生态环境中各种不确定的难题。适应性生态管理考虑了生态管理的适宜性、方式的可行性，关注生态系统的复杂性、动态性和不确定性。通过适应性生态管理方法，可以科学管理、合理监测和调控活动以满足生态系统容量和社会需求方面的变化。引入适应性管理的城市生态基础设施管理是以充分考虑、努力实现城市生态基础设施系统中的各个层次、元素之间的平衡为目标，针对城市生态系统健康和稳定性等多方面的有效管理。

7.2.1　基于生态承载力的生态基础设施规划模式

自然系统是城市生态文明赖以生存和发展的根基，而城市自然系统主要是由生态、资源、环境这三个要素组成。承载力概念的演变由基于单一资源要素约束到人口、资源、环境、经济、社会等综合要素约束，经历了种群承载力、资源承载力、环境承载力、生态系统承载力等阶段，反映了人与城市资源、环境之间的关系，是衡量地区可持续发展能力的重要判断。

自生态文明的理念提出以来，我国许多城市规划开始从被动的环境保护转向主动的生态适宜性城市建设，如以唐山曹妃甸国际生态城、上海崇明东滩生态城为代表的生态城市规划强调生物多样性保护，以及水、土、气、能源和生物资源对城市发展的相互适应，实现生态城市的区域性可持续发展。

但基于城市规划的生态管理模式也存在一些问题，如现有的城市体系与生态城市规划并不能实现有机融合，脱离生态承载力的城市规划容易引起城市规模过于庞大、人口密度过高以及基础设施建设的不充足等问题，导致城市生态建设重形式而轻内涵，生态管理实效性下降。因此，在生态城市建设过程中，必须考虑到资源和环境压力超载所引发的资源消耗过度、人口密度过高等问题；秉持生态文明下的生态适宜性城市规划，必须以"生态"理念为思想导向，树立"区域健康、协调、可持续"的基本观念，将生态承载力作为区域发展的限制性条件，从单一的城市规划转向社会－经济－自然协同管理。唐山市和宁波杭州湾新区为此方面的典型案例。

7.2.2　基于生态规划先行的"多规合一"的生态基础设施管理模式

目前中国在生态规划上存在着规划分类不清的状况，在规划上主要依据《土地利用现状分类标准》（GB/T 21010—2017）与《城市用地分类与规划建设用地标准》（GB 50137—2011）等标准制度，这两部文件并未凸显为生态文明建设与服务价值提升的主旨，造成城市土地资源利用价值降低，不能加强对生态系统、生态功能的保护。面对生态规划冲突、资源严重浪费的情况，2013

年中央城镇化工作会议提出，应该"建立空间规划体系，推进规划体制改革，加快规划立法工作。城市规划要由扩张性规划逐步转向限定城市边界、优化空间结构的规划"。同时，应该加快规划体制改革，加强空间规划体系建设，积极推进市县"多规合一"。"多规合一"来源于"三规合一"。其中，"三规"一般是指三个对城市发展影响力最为深远的规划：国民经济和社会发展规划、城市总体规划和土地利用总体规划。"多规合一"则是将涉及城市发展的其他重要专项规划，如城市环境总体规划、海洋功能区划、港口总体规划和园林绿化规划等一并纳入"三规合一"的工作体系，形成涉及面更广的规划协调。厦门市为此方面的典型案例。

7.2.3 基于生态资产和绩效考核的生态基础设施标准化管理模式

标准化，是为了在一定范围内获得最佳秩序，对现实问题或潜在问题制定共同使用和重复使用的条款的活动。城市生态管理由于其自身的公益性、综合性、强制性、简单重复性和个体损益性，适合采取标准化管理。城市生态标准化管理，是以获得城市生态基础功能的最佳发挥，达到最有序、合理管理为根本目的，以城市中道路交通运输系统、供水排水和污水处理系统、电力燃气等能源供应系统、垃圾收运处置系统、信息管理系统和园林绿化系统为对象，以标准化的原则、方法来实施管理活动，最终全面提升城市生态管理水平，使城市生态管理工作进入标准化、精细化、制度化长效管理运行轨道。

生态管理标准化是实现生态良治的重要内容，涉及整个城市生态管理的诸多部门，要求政府在政策制定中细化职能部门设置和权责划分，建立规范的运作机制和协作机制；也是城市价值和核心竞争力的重要体现，引导了社会和公众的价值取向，促进了社会良好经济秩序的形成。西安莲湖区为此方面的典型案例。

7.2.4 基于"政府 - 市场 - 社会"多渠道的公众参与与信息反馈的生态基础设施调控模式

公众是城市生态管理、可持续发展的直接获益者，同时也是复合生态管理多元主体的重要组成部分。建立公众参与的管理模式是对公众意愿的满足，也能让其在参与管理的过程中充分认识到生态文明建设的作用与价值。但是一直以来，我国公众对生态文明建设、复合生态管理上的诉求都无法实现上通下行，生态管理在信息反馈机制上的问题对公共参与机制的构建产生了消极的作用。信息是城市复合生态管理模式中的重要资源，在构建"政府－市场－社会"多主体管理模式中发挥着重要的作用。城市复合生态管理中的信息包括生态政策、指令与计划等多项内容，而信息的流动是指这类信息的接收、传递与处理。反馈是指控制系统将信息传输出去，又将作用结果返送回来了解指令的执行情况，从而使未来的规划具有针对性、实践性，以保证实现预期的目标。在城市复合生态管理模式建立的过程中，加强社会、市场对政府的信息反馈，有利于政府主管部门及时发现目前管理存在的不足，避免政府决策的制定出现盲目性、主观性的问题。因此，信息反馈是城市实现生态系统演化的基础。哈尔滨市为此方面典型案例。

参 考 文 献

白杨，王晓云，姜海梅，等 . 2013. 城市热岛效应研究进展 [J]. 气象与环境学报，29(2)：101-106.

鲍士旦 . 2000. 土壤农化分析 [M]. 北京：中国农业出版社 .

毕小刚，段淑怀，李永贵，等 . 2006. 北京山区土壤流失方程探讨 [J]. 中国水土保持科学，(4)：6-13.

蔡海生，张学玲，黄宏胜，2010. "湖泊 - 流域" 土地生态管理的理念与方法探讨 [J]. 自然资源学报，25(6)：1049-1058.

曹洪生 . 2012. 刍议园林建设设计的继承与发展——以法国巴黎公园研究为例 [J]. 中国外资，21(18)：200.

曹琨，葛朝霞，薛梅，等 . 2009. 上海城区雨岛效应及其变化趋势分析 [J]. 水电能源科学，27(5)：31-33.

陈丁江，吕军，金培坚，等 . 2010. 非点源污染河流水环境容量的不确定性分析 [J]. 环境科学，31(5)：1215-1219.

陈利顶，傅伯杰 . 1996. 景观连接度的生态学意义及其应用 [J]. 生态学杂志，15(4)：37-42.

陈莉，李佩武，李贵才，等 . 2009. 应用 CITYGREEN 模型评估深圳市绿地净化空气与固碳释氧效益 [J]. 生态学报，29(1)：272-282.

陈同斌，郑袁明 . 2004. 土壤和蔬菜重金属污染的区域性评价与风险预警——以北京市为例 [C]. 北京：第九十次中国科协青年科学家论坛 .

陈巍 . 2010. 鄱阳湖水环境承载力及污染管理机制研究 [D]. 南昌：南昌大学 .

陈自新，苏雪痕，刘少宗，等 . 1998. 北京城市园林绿化生态效益的研究 (2)[J]. 中国园林，14(2)：49-52.

程江，杨凯，吕永鹏，等 . 2009. 城市绿地削减降雨地表径流污染效应的试验研究 [J]. 环境科学，30(11)：3236-3242.

程琳，李锋，邓华锋 . 2011. 中国超大城市土地利用状况及其生态系统服务动态演变 [J]. 生态学报，31(20)：6194-6203.

丛建辉，刘学敏，赵雪如 . 2014. 城市碳排放核算的边界界定及其测度方法 [J]. 中国人口·资源与环境，24(4)：19-26.

邓红兵，王庆礼，蔡庆华 . 2002. 流域生态系统管理研究 [J]. 中国人口·资源与环境，12(6)：20-22.

丁易 . 2003. 重庆黔江区森林生态系统服务价值评估及其生态系统管理研究 [D]. 重庆：西南师范大学 .

杜士强，于德永 . 2010. 城市生态基础设施及其构建原则 [J]. 生态学杂志，29(8)：1646-1654.

房艳 . 2005. 新时期城市总体规划编制技术路线的探讨 [J]. 城市规划，29(7)：14-16.

冯异星，罗格平，周德成，等 . 2010. 近 50a 土地利用变化对干旱区典型流域景观格局的影响——以新疆玛纳斯河流域为例 [J]. 生态学报，30(16)：4295-4305.

甘爽,杨艳丽,孙艳玲,等.2016.城市公园对城市热环境的降温效应——以天津市为例[J].天津师范大学学报(自然科学版),36(4):33-38.

高洁.2015.不同尺度湿地基础设施复合生态管理方法研究[D].北京:中国科学院大学.

高欣.2006.北京城市公园体系研究及发展策略探讨[D].北京:北京林业大学.

龚艳冰,张继国,梁雪春.2011.基于全排列多边形综合图示法的水质评价[J].中国人口·资源与环境,21(9):26-31.

顾斌,沈清基,郑醉文,等.2006.基础设施生态化研究——以上海崇明东滩为例[J].城市规划学刊,50(4):20-28.

郭浩,叶兵,林权中,等.2006.妫水河流域水源涵养林时空动态格局研究[J].中国水土保持科学,4(3):16-20.

郭青海,马克明,张易.2009.城市土地利用异质性对湖泊水质的影响[J].生态学报,29(2):776-787.

郭瑞萍,莫兴国.2007.森林、草地和农田典型植被蒸散量的差异[J].应用生态学报,18(8):1751-1757.

韩文权,常禹,胡远满,等.2005.景观格局优化研究进展[J].生态学杂志,24(12):1487-1492.

郝吉明.2014.中国大气污染防治进程与展望[J].世界环境,1(1):58-61.

郝蕊芳,于德永,刘宇鹏,等.2014.DMSP/OLS灯光数据在城市化监测中的应用[J].北京师范大学学报(自然科学版),50(4):407-413.

何强为,苏则民,周岚.2005.关于我国城市规划编制体系的思考与建议[J].城市规划学刊,49(4):28-34.

贺兴.2012.浅谈公园管理模式[J].现代园艺,15(11):74-75.

侯培强,任玉芬,王效科,等.2012.北京市城市降雨径流水质评价研究[J].环境科学,33(1):71-75.

侯鹏,蒋卫国,曹广真.2010.城市湿地热环境调节功能的定量研究[J].北京林业大学学报,32(3):191-196.

胡洁,吴宜夏,吕璐珊,等.2008.奥林匹克森林公园规划设计[J].建筑创作,6(7):62-71.

胡隽.2006.大城市综合公园使用状况评价研究[D].长沙:湖南大学.

胡志斌,何兴元,陈玮,等.2003.沈阳市城市森林结构与效益分析[J].应用生态学报,14(12):2108-2112.

黄从红,杨军,张文娟.2013.生态系统服务功能评估模型研究进展[J].生态学杂志,32(12):3360-3367.

黄广远.2012.北京市城区城市森林结构及景观美学评价研究[D].北京:北京林业大学.

黄国如,何泓杰.2011.城市化对济南市汛期降雨特征的影响[J].自然灾害学报,20(3):7-12.

黄金良,李青生,洪华生,等.2011.九龙江流域土地利用/景观格局-水质的初步关联分析[J].环境科学,32(1):64-72.

黄伟立.2013.深圳市公园管理模式研究[D].福州:福建农林大学.

江波,欧阳志云,苗鸿,等.2011.海河流域湿地生态系统服务功能价值评价[J].生态学报,31(8):2236-2244.

江俊浩,邱建.2009.国外城市公园建设及其启示 [J].四川建筑科学研究,35(2):266-269.

蒋晶,田光进.2010.1988 年至 2005 年北京生态服务价值对土地利用变化的响应 [J].资源科学,32(7):1407-1416.

焦胜,杨娜,彭楷,等.2014.沩水流域土地景观格局对河流水质的影响 [J].地理研究,33(12):2263-2274.

金经元.1996.再谈霍华德的明日的田园城市 [J].国外城市规划,18(4):31-36.

康洁.2014.社会融资参与城市公园建养的模式研究 [D].保定:河北农业大学.

孔繁花,尹海伟.2008.济南城市绿地生态网络构建 [J].生态学报,28(4):1711-1719.

雷晨.2012.苏黎世铁道绿地生态补偿策略及启示 [J].科学之友,33(5):156-158.

李锋.2013.城市生态用地核算与管理 [M].北京:中国科学技术出版社.

李锋,王如松.2006.城市绿色空间服务功效评价与生态规划 [M].北京:气象出版社.

李锋,王如松,赵丹.2014.基于生态系统服务的城市生态基础设施:现状、问题与展望 [J].生态学报,34(1):190-200.

李鸿健,任志远,刘焱序,等.2016.西北河谷盆地生态系统服务的权衡与协同分析——以银川盆地为例 [J].中国沙漠,36(6):1731-1738.

李晖,蒋忠诚,尹辉,等.2014.基于生态服务功能价值的会仙岩溶湿地生态补偿研究 [J].水土保持研究,21(1):267-271.

李玲玲,宫辉力,赵文吉.2008.1996-2006 年北京湿地面积变化信息提取与驱动因子分析 [J].首都师范大学学报(自然科学版),(3):95-101.

李双成,赵志强,王仰麟.2009.中国城市化过程及其资源与生态环境效应机制 [J].地理科学进展,28(1):63-70.

李婷,刘康,胡胜,等.2014.基于 InVEST 模型的秦岭山地土壤流失及土壤保持生态效益评价 [J].长江流域资源与环境,23(9):1242-1250.

李团胜,石铁矛.1998.试论城市景观生态规划 [J].生态学杂志,17(5):64-68.

李文华.2008.生态系统服务功能价值评估的理论、方法与应用 [M].北京:中国人民大学出版社.

李晓燕,陈同斌,雷梅,等.2010.不同土地利用方式下北京城区土壤的重金属累积特征 [J].环境科学学报,30(11):2285-2293.

李屹峰,罗跃初,刘纲,等.2013.土地利用变化对生态系统服务功能的影响——以密云水库流域为例 [J].生态学报,33(3):726-736.

李月臣,刘春霞,闵婕,等.2013.三峡库区生态系统服务功能重要性评价 [J].生态学报,33(1):168-178.

梁颢严,肖荣波,廖远涛.2010.基于服务能力的公园绿地空间分布合理性评价 [J].中国园林,26(9):15-19.

刘滨谊.2007.以生态和景观资源保护为导向的城市化 [J].中国勘察设计,23(3):69.

刘丰,刘静玲,张婷,等.2010.白洋淀近 20 年土地利用变化及其对水质的影响 [J].农业环境科学学报,29(10):1868-1875.

刘海龙,李迪华,韩西丽.2005.生态基础设施概念及其研究进展综述 [J].城市规划,29(9):70-75.

刘红晓 . 2017. 生态基础设施视角下城市公园评价方法与管理对策研究 [D]. 北京：中国科学院大学 .

刘昕，谷雨，邓红兵 . 2010. 江西省生态用地保护重要性评价研究 [J]. 中国环境科学，30（5）：716-720.

刘亚琼，杨玉林，李法虎 . 2011. 基于输出系数模型的北京地区农业面源污染负荷估算 [J]. 农业工程学报，27（7）：7-12.

刘永，郭怀成，黄凯，等 . 2007. 湖泊－流域生态系统管理的内容与方法 [J]. 生态学报，27（12）：5352-5360.

吕一河，傅伯杰 . 2001. 生态学中的尺度及尺度转换方法 [J]. 生态学报，21（12）：2096-2105.

马世骏，王如松 . 1984. 社会－经济－自然复合生态系统 [J]. 生态学报，4（1）：1-9.

马晓宇，朱元励，梅琨，等 . 2012. SWMM 模型应用于城市住宅区非点源污染负荷模拟计算 [J]. 环境科学研究，25（1）：95-102.

毛小岗，宋金平，杨鸿雁，等 . 2012. 2000—2010 年北京城市公园空间格局变化 [J]. 地理科学进展，31（10）：1295-1306.

聂法良 . 2013. 不同管理定义的分析与启示 [J]. 青岛科技大学学报（社会科学版），29（2）：74-76.

欧阳志云，李小马，徐卫华，等 . 2015. 北京市生态用地规划与管理对策 [J]. 生态学报，35（11）：3778-3787.

彭惜君 . 2004. 联合国可持续发展指标体系的发展 [J]. 四川省情，3（12）：32-33.

皮雨鑫 . 2013. 我国当代城市公园发展历程与特征研究 [D]. 哈尔滨：东北林业大学 .

朴希桐，向立云 . 2014. 下垫面变化对城市内涝的影响 [J]. 中国防汛抗旱，24（6）：38-43.

秦趣，冯维波，代稳，等 . 2014. 我国城市生态基础设施研究进展与展望 [J]. 重庆师范大学学报（自然科学版），31（5）：138-149.

邱彭华，徐颂军，谢跟踪，等 . 2007. 基于景观格局和生态敏感性的海南西部地区生态脆弱性分析 [J]. 生态学报，27（4）：1257-1264.

屈妮 . 2016. 关于公园管理模式探究 [J]. 科技创新与应用，6（26）：279.

任玉芬，王效科，韩冰，等 . 2005. 城市不同下垫面的降雨径流污染 [J]. 生态学报，25（12）：3225-3230.

荣冰凌，李栋，谢映霞 . 2011. 中小尺度生态用地规划方法 [J]. 生态学报，31（18）：5351-5357.

申金山，宋建民，关柯 . 2000. 城市基础设施与社会经济协调发展的定量评价方法与应用 [J]. 城市环境与城市生态，13（5）：10-12.

申绍杰 . 2003. 城市热岛问题与城市设计 [J]. 中外建筑，9（5）：20-22.

宋文彬，张翼然，张玲，等 . 2014. 洪河国家级自然保护区沼泽生态系统服务价值估算 [J]. 湿地科学，12（1）：81-88.

宋长青，杨桂山，冷疏影 . 2002. 湖泊及流域科学研究进展与展望 [J]. 湖泊科学，14（4）：289-300.

苏泳娴，黄光庆，陈修治，等 . 2011. 城市绿地的生态环境效应研究进展 [J]. 生态学报，31（23）：302-315.

苏泳娴，张虹鸥，陈修治，等 . 2013. 佛山市高明区生态安全格局和建设用地扩展预案 [J]. 生

态学报 , 33（5）: 1524-1534.

孙伟 . 2011. 论城市公园免费开放后经营管理模式的创新与可持续发展的重要性 [J]. 福建建筑 , 29（1）: 40-42.

孙逊 . 2014. 基于绿地生态网络构建的北京市绿地体系发展战略研究 [D]. 北京 : 北京林业大学 .

孙艺杰 , 任志远 , 赵胜男 . 2016. 关中盆地生态服务权衡与协同时空差异 [J]. 资源科学 , 38（11）: 2127-2136.

索安宁 , 赵冬至 , 卫宝泉 , 等 . 2009. 基于遥感的辽河三角洲湿地生态系统服务价值评估 [J]. 海洋环境科学 , 28(4): 387-391.

唐涛 , 渠晓东 , 蔡庆华 , 等 . 2004. 河流生态系统管理研究——以香溪河为例 [J]. 长江流域资源与环境 , 13（6）: 594-598.

唐颖 . 2010. SUSTAIN 支持下的城市降雨径流最佳管理 BMP 规划研究 [D]. 北京 : 清华大学 .

陶晓丽 . 2014. 基于 GIS 的城市公园类型、功能、格局与演进研究 [D]. 兰州 : 西北师范大学 .

陶晓丽 , 陈明星 , 张文忠 , 等 . 2013. 城市公园的类型划分及其与功能的关系分析——以北京市城市公园为例 [J]. 地理研究 , 32（10）: 1964-1976.

陶宇 . 2016. 中国地级城市十年发展的生态环境影响综合评估与管理对策 [D]. 北京 : 中国科学院大学 .

佟华 , 刘辉志 , 李延明 , 等 . 2005. 北京夏季城市热岛现状及楔形绿地规划对缓解城市热岛的作用 [J]. 应用气象学报 , 16（3）: 357-366.

汪少华 . 2015. 北京绿化剩余物统计指标体系与统计方法研究 [D]. 北京 : 北京林业大学 .

汪洋 , 赵万民 , 杨华 . 2007. 基于多源空间数据挖掘的区域生态基础设施识别模式研究 [J]. 中国人口 · 资源与环境 , 17（6）: 72-76.

王铎 , 王诗鸿 . 2000. "山水城市"的理论概念 [J]. 华中建筑 , 18（4）: 32-33.

王海珍 . 2005. 城市生态网络研究 [D]. 上海 : 华东师范大学 .

王浩 , 汪辉 , 李崇富 , 等 . 2003. 城市绿地景观体系规划初探 [J]. 南京林业大学学报（人文社会科学版）, 3（2）: 69-73.

王晖 , 陈丽 , 陈垦 , 等 . 2007. 多指标综合评价方法及权重系数的选择 [J]. 广东药学院学报 , 23（5）: 583-589.

王敏 . 2015. 基于最小覆盖集模型的天目山自然保护区选址研究 [D]. 上海 : 华东师范大学 .

王如松 . 2000. 系统化、自然化、经济化、人性化（一）: 21 世纪我国城市建设的生态转型 [A]// 中国生态学会城市生态学术委员会编 . 珠海—澳门生态城市建设学术讨论会论文选集 . 北京 : 中国生态学会 , 16-17.

王如松 , 欧阳志云 . 2012. 社会 - 经济 - 自然复合生态系统与可持续发展 [J]. 中国科学院院刊 , 27（3）: 337-345.

王如松 , 胡聃 , 李锋 , 等 . 2010. 区域城市发展的复合生态管理 [M]. 北京 : 气象出版社 .

王如松 , 李锋 , 韩宝龙 , 等 . 2014. 城市复合生态及生态空间管理 [J]. 生态学报 , 34（1）: 1-11.

王小钢 . 2004. 我国饮用水水源保护区制度浅析 [J]. 水资源保护 , 20（5）: 46-48.

王兴钦 , 梁世军 . 2007. 城市降雨径流污染及最佳治理方案探讨 [J]. 环境科学与管理 , 32（3）: 50-53.

王友生 , 余新晓 , 贺康宁 , 等 . 2012. 基于土地利用变化的怀柔水库流域生态服务价值研究 [J].

农业工程学报，28(5)：246-251.

魏艳，赵慧恩.2007.我国屋顶绿化建设的发展研究——以德国、北京为例对比分析[J].林业科学，43(4)：95-101.

文贡坚，李德仁，叶芬.2003.从卫星遥感全色图像中自动提取城市目标[J].武汉大学学报（信息科学版），28(2)：212-218.

吴昌广，周志翔，王鹏程，等.2009.基于最小费用模型的景观连接度评价[J].应用生态学报，20(8)：2042-2048.

吴恒志.2004.城市生态基础设施规划的探索——以台州市为例[J].浙江建筑，21(z1)：17-18，24.

吴锡麟，叶功富，陈德旺，等.2002.森林生态系统管理概述[J].福建林业科技，29(3)：84-87.

吴晓敏，2014.英国绿色基础设施演进对我国城市绿地系统的启示[J].华中建筑，32(8)：102-106.

吴哲，陈歆，刘贝贝，等.2013.基于InVEST模型的海南岛氮磷营养物负荷的风险评估[J].热带作物学报，34(9)：1791-1797.

武文婷，任彝，赵衡宇，等.2012.城市绿地植物的负面效应及其改善策略[J].生态经济，28(8)：173-176.

向璐璐，李俊奇，邝诺，等.2008.雨水花园设计方法探析[J].给水排水，45(6)：47-51.

谢欣梅，丁成日.2012.伦敦绿化带政策实施评价及其对北京的启示和建议[J].城市发展研究，19(6)：46-53.

徐翀崎，李锋，韩宝龙.2016.城市生态基础设施管理研究进展[J].生态学报，36(11)：3146-3155.

徐翀崎.2016.城市生态基础设施通用管理模型构建与应用[D].北京：中国科学院大学.

徐东辉，郭建华，高磊.2014.美国绿道的规划建设策略与管理维护机制[J].国际城市规划，29(3)：83-90.

杨彪.2001.景观生态学原理与自然保护区设计[J].林业调查规划，26(2)：51-53.

杨理，杨持.2004.草地资源退化与生态系统管理[J].内蒙古大学学报（自然科学版），35(2)：205-208.

杨立成.2012.北京城市绿地复合系统植物耗水规律及灌溉模型研究[D].北京：北京林业大学.

杨锐.2003.试论世界国家公园运动的发展趋势[J].中国园林，19(7)：10-15.

杨锐，曹越.2018.论中国自然保护地的远景规模[J].中国园林，34(7)：5-12.

杨锐，曹越.2019."再野化"：山水林田湖草生态保护修复的新思路[J].生态学报，39(23)：8763-8770.

杨莎莎，汤萃文，刘丽娟，等.2013.流域尺度上河流水质与土地利用的关系[J].应用生态学报，24(7)：1953-1961.

杨士弘.1994.城市绿化树木的降温增湿效应研究[J].地理研究，13(4)：74-80.

杨学民，姜志林.2003.森林生态系统管理及其与传统森林经营的关系[J].南京林业大学学报（自然科学版），27(4)：91-94.

杨喆，程灿，谭雪，等.2015.官厅水库及其上游流域水环境容量研究[J].干旱区资源与环境，29(1)：163-168.

城市生态基础设施评估与管理

杨志峰,徐俏,何孟常,等.2002.城市生态敏感性分析 [J].中国环境科学,22(4):73-77.

叶属峰,温泉,周秋麟.2006.海洋生态系统管理——以生态系统为基础的海洋管理新模式探讨 [J].海洋开发与管理,23(1):77-80.

尤建新.2006.城市定义的发展 [J].上海管理科学,28(3):67-69.

余慧,张娅兰,李志琴.2010.伦敦生态城市建设经验及对我国的启示 [J].科技创新导报,7(9):139-140.

俞孔坚.1999.生物保护的景观生态安全格局 [J].生态学报,19(1):10-17.

俞孔坚,李迪华,刘海龙,等.2005.基于生态基础设施的城市空间发展格局——"反规划"之台州案例 [J].城市规划,29(9):76-80.

俞孔坚,韩西丽,朱强.2007.解决城市生态环境问题的生态基础设施途径 [J].自然资源学报,22(5):808-816.

俞孔坚,王思思,李迪华,等.2009.北京市生态安全格局及城市增长预景 [J].生态学报,29(3):1189-1204.

瑜措珍嘎.2013.玛多地区草地生态保护可行路径探索 [D].兰州:兰州大学.

张彪,谢高地,薛康,等.2011.北京城市绿地调蓄雨水径流功能及其价值评估 [J].生态学报,31(13):3839-3845.

张大伟,赵冬泉,陈吉宁,等.2009.城市暴雨径流控制技术综述与应用探讨 [J].给水排水,45(S1):25-29.

张大伟,李杨帆,孙翔,等.2010.入太湖河流武进港的区域景观格局与河流水质相关性分析 [J].环境科学,31(8):1775-1783.

张福平,赵沙,周正朝,等.2014.沣河流域土地利用格局与水质变化的关系 [J].水土保持通报,34(4):308-312.

张广分.2013.潮白河上游河岸植被缓冲带对氮、磷去除效果研究 [J].中国农学通报,29(8):189-194.

张宏锋,欧阳志云,郑华.2007.生态系统服务功能的空间尺度特征 [J].生态学杂志,26(9):1432-1437.

张华,石峰,翁皓琳,等.2009.可持续城市排水系统的应用与发展 [J].低温建筑技术,31(8):114-116.

张慧,席北斗,高如泰,等.2012.白洋淀水环境容量核算及上游容量分配 [J].环境工程技术学报,2(4):313-318.

张继娟,魏世强.2006.我国城市大气污染现状与特点 [J].四川环境,25(3):104-108.

张建军,袁春,付梅臣,等.2006.北京市耕地面积变化趋势预测及保护对策研究 [J].资源开发与市场.22(6):497-499.

张侃,张建英,陈英旭,等.2006.基于土地利用变化的杭州市绿地生态服务价值 CITYgreen 模型评价 [J].应用生态学报,17(10):1918-1922.

张雷,李娜娜,赵会茹,等.2014.基于全排列多边形图示指标法的火电企业节能减排绩效综合评价 [J].中国电力,47(6):145-150.

张利华,张京昆,黄宝荣.2011.城市绿地生态综合评价研究进展 [J].中国人口·资源与环境,21(5):140-147.

张舞燕，刘清臣，孟秀军 . 2014. 基于 SAR 相干系数图像的城市边界提取 [J]. 测绘与空间地理信息，37(5): 56-59.

张晓佳 . 2007. 英国城市绿地系统分层规划评述 [J]. 风景园林，3(3): 74-77.

张晓鹃 . 2012. 社区尺度的绿色基础设施的近自然设计方法研究 [D]. 武汉：华中科技大学 .

张新鑫 . 2012. BMPs 技术及其在我国城市绿地中的应用研究 [D]. 北京：北京林业大学 .

张媛明 . 2011. 英国绿带政策经验总结及南京借鉴研究——英国 2011 版《国家规划政策框架草案》绿带章节解读 [J]. 江苏城市规划，16(12): 18-21.

张泽阳 . 2016. 城市复合生态适应性管理的方法与对策 [D]. 北京：中国科学院大学 .

赵丹 . 2013 城市地表硬化的复合生态效应及生态化改造方法 [D]. 北京：中国科学院大学 .

赵丹，李锋，王如松 . 2010. 城市地表硬化对植物生理生态的影响研究进展 [J]. 生态学报，30(14): 3923-3932.

赵丹，李锋，王如松 . 2011. 基于生态绿当量的城市土地利用结构优化——以宁国市为例 [J]. 生态学报，31(20): 6242-6250.

赵冬泉，陈吉宁，王浩正，等 . 2009. 城市降雨径流污染模拟的水质参数局部灵敏度分析 [J]. 环境科学学报，29(6): 1170-1177.

赵飞，张书函，陈建刚，等 . 2011. 透水铺装雨水入渗收集与径流削减技术研究 [J]. 给水排水，47(S1): 254-258.

赵泾钧 . 2014. 北京奥林匹克森林公园南园人工湿地园区使用后评价 (POE)[D]. 北京：北京交通大学 .

赵鹏，夏北成，秦建桥，等 . 2012. 流域景观格局与河流水质的多变量相关分析 [J]. 生态学报，32(8): 2331-2341.

郑华，李屹峰，欧阳志云，等 . 2013. 生态系统服务功能管理研究进展 [J]. 生态学报，33(3): 702-710.

郑美芳，邓云，刘瑞芬，等 . 2013. 绿色屋顶屋面径流水量水质影响实验研究 [J]. 浙江大学学报（工学版），47(10): 1846-1851.

郑小康，李春晖，黄国和，等 . 2008. 流域城市化对湿地生态系统的影响研究进展 [J]. 湿地科学，6(1): 87-96.

郑忠明，李华，周志翔，等 . 2009. 城市化背景下近 30 年武汉市湿地的景观变化 [J]. 生态学杂志，28(8): 1619-1623.

周道玮，姜世成，王平 . 2004. 中国北方草地生态系统管理问题与对策 [J]. 中国草地，26(1): 58-65.

周刚，雷坤，富国，等 . 2014. 河流水环境容量计算方法研究 [J]. 水利学报，45(2): 227-234.

周廷刚，郭达志 . 2003. 基于 GIS 的城市绿地景观空间结构研究——以宁波市为例 [J]. 生态学报，23(5): 901-907.

周伟，曹银贵，乔陆印 . 2012. 基于全排列多边形图示指标法的西宁市土地集约利用评价 [J]. 中国土地科学，26(4): 84-90.

周媛，石铁矛，胡远满，等 . 2011. 基于 GIS 与多目标区位配置模型的沈阳市公园选址 [J]. 应用生态学报，22(12): 3307-3314.

朱曼嘉 . 2016. 城市公园管理护养中的难点、重点及建议 [J]. 现代园艺，39(24): 182-183.

城市生态基础设施评估与管理

朱强, 俞孔坚, 李迪华. 2005. 景观规划中的生态廊道宽度 [J]. 生态学报, 25 (9): 2406-2412.

诸大建, 李耀新. 1999. 建立上海可持续发展指标体系的研究 [J]. 上海环境科学, 18 (9): 385-387.

Abu-Zreig M, Rudra R P, Lalonde M N, et al. 2004. Experimental investigation of runoff reduction and sediment removal by vegetated filter strips[J]. Hydrological Processes, 18 (11): 2029-2037.

Albert C, Galler C, Hermes J, et al. 2016. Applying ecosystem services indicators in landscape planning and management: The ES-in-Planning framework[J]. Ecological Indicators, 61 (7): 100-113.

Arnold J G, Srinivasan R, Muttiah R S, et al. 1998. Large area hydrologic modeling and assessment part I: Model development[J]. JAWRA Journal of the American Water Resources Association, 34 (1): 73-89.

Aydin M B S, Çukur D. 2012. Maintaining the carbon–oxygen balance in residential areas: A method proposal for land use planning[J]. Urban Forestry & Urban Greening, 11 (1): 87-94.

Ballo S. 2009. Pollutants in stormwater runoff in Shanghai (China): Implications for management of urban runoff pollution[J]. Progress in Natural Science, 19 (7): 873-880.

Baró F, Chaparro L, Gómez-Baggethun E, et al. 2014. Contribution of ecosystem services to air quality and climate change mitigation policies: the case of urban forests in Barcelona, Spain[J]. Ambio 43, 466-479.

Bassett D R. 2003. International physical activity questionnaire: 12-country reliability and validity[J]. Medicine & Science in Sports & Exercise, 35 (8): 1396.

Baur J W R, Tynon J F, Gómez E. 2013. Attitudes about urban nature parks: A case study of users and nonusers in Portland, Oregon[J]. Landscape and Urban Planning, 117 (2): 100-111.

Bekele E G, Nicklow J W. 2007. Multi-objective automatic calibration of SWAT using NSGA-II[J]. Journal of Hydrology, 341 (3): 165-176.

Benedict M, Mcmahon E T. 2002. Green infrastructure: Smart conservation for the 21st century[J]. Renewable Resources Journal, 20 (3): 12-17.

Berndtsson J C. 2010. Green roof performance towards management of runoff water quantity and quality: A review[J]. Ecological Engineering, 36 (4): 351-360.

Bolund P, Hunhammar S. 1999. Ecosystem services in urban areas[J]. Ecological Economics, 29 (2): 293-301.

Briber B M, Hutyra L R, Reinmann A B, et al. 2015. Tree productivity enhanced with conversion from forest to urban land covers[J]. Plos One, 10 (8): 26-32.

Briner S, Elkin C, Huber R, et al. 2012. Assessing the impacts of economic and climate changes on land-use in mountain regions: A spatial dynamic modeling approach[J]. Agriculture, Ecosystems & Environment, 149 (2): 50-63.

Brown M A, Southworth F. 2008. Mitigating climate change through green buildings and smart growth[J]. Environment & Planning A, 40 (3): 653-675.

Burkhard B, Kroll F, Nedkov S, et al. 2012. Mapping ecosystem service supply, demand and budgets[J]. Ecological Indicators, 21 (3): 17-29.

Carpenter S R, Mooney H A, Agard J, et al. 2009. Science for managing ecosystem services: Beyond the Millennium Ecosystem Assessment[J]. Proceedings of the National Academy of Sciences, 106 (5): 1305-1312.

Carter T, Keeler A. 2008. Life-cycle cost–benefit analysis of extensive vegetated roof systems[J]. Journal of Environmental Management, 87 (3): 350-363.

Che W, Liu Y, Li J Q. 2003. Quality of urban rainwater and pollution control home and broad[J]. Water &Wastewater Engineering, 1 (29): 38-42.

Cheng J, Zhao D, Zeng Z C. 2007. Analysis on current status of physical activity among residents in Beijing[J]. Chinese Journal of Public Health, 1 (5): 517-518.

Cheng M S, Zhen J X, Shoemaker L. 2009. BMP decision support system for evaluating stormwatermanagement alternatives[J]. Frontiers of Environmental Science & Engineering in China, 3 (4): 453-463.

Christie M, Fazey I, Cooper R, et al. 2012. An evaluation of monetary and non-monetary techniques for assessing the importance of biodiversity and ecosystem services to people in countries with developing economies[J]. Ecological Economics, 83 (3): 67-78.

Church A, Fish R, Haines-Young R, et al. 2014. UK national ecosystem assessment follow-on: Cultural ecosystem services and indicators[M]. Andrew Church: Unep Wcmc Lwec Uk.

Clark S E, Steele K A, Spicher J, et al. 2008. Roofing materials' contributions to storm-water runoff pollution[J]. Journal of Irrigation & Drainage Engineering, 134 (5): 638-645.

Constanza R, d' Arge R, de Groot R, et al. 1997. The value of the world' s ecosystem services and natural capital[J]Ecological Economics, 25(1) : 3-15.

Cook E A. 2002. Landscape structure indices for assessing urban ecological networks[J]. Landscape and Urban Planning, 58 (2): 269-280.

Coombes P J, Argue J R, Kuczera G. 2000. Figtree Place: A case study in water sensitive urban development (WSUD)[J]. Urban Water, 1 (4): 335-343.

Craig C L, Marshall A L, Sjostrom M, et al. 2003. International physical activity questionnaire: 12-country reliability and validity[J]. Medicine and science in sports and exercise, 35(8): 1381-1396.

Dai D J. 2011. Racial/ethnic and socioeconomic disparities in urban green space accessibility: Where to intervene?[J]. Landscape and Urban Planning, 102 (4): 234-244.

Daily G C. 1997. Nature's services societal dependence on natural ecosystems[M]. Washington D C: Island Press.

Delfien V D, James F S, Greet C, et al. 2013. Associations of neighborhood characteristics with active park use: An observational study in two cities in the USA and Belgium[J]. International Journal of Health Geographics, 12: 26-35.

Dino Z, Chris D, John H, Leonie L. 2013. Constraints to park visitation: a meta-analysis of North American studies[J]. Leisure Sciences, 35: 475-493.

D' Arcy B D, Frost A. 2001. The role of best management practices in alleviating water quality problems associated with diffuse pollution[J]. Science of The Total Environment, 265 (1):

城市生态基础设施评估与管理

359-367.

Dobbs C, Kendal D, Nitschke C R, et al. 2014. Multiple ecosystem services and disservices of the urban forest establishing their connections with landscape structure and socio-demographics[J]. Ecological Indicators, 7 (43): 44-55.

Dwyer J F, McPherson E G, Schroeder H W, et al. 1992. Assessing the benefits and costs of the urban forest[J]. Journal of Arboriculture, 18 (2): 227-236.

Dyck D V, Sallis J F, Cardon G, et al. 2013. Associations of neighborhood characteristics with active park use: An observational study in two cities in the USA and Belgium[J]. International Journal of Health Geographics, 12 (1): 26.

Erik A, Stephan B, Sara B, et al. 2014. Reconnecting cities to the biosphere: Stewardship of green infrastructure and urban ecosystem services[J]. Ambio, 43 (4): 445-453.

Erik A, Tengö M, McPhearson T, et al. 2015. Cultural ecosystem services as a gateway for improving urban sustainability[J]. Ecosystem Services, 12 (3): 165-168.

Escobedo F J, Kroeger T, Wagner J E. 2011. Urban forests and pollution mitigation: Analyzing ecosystem services and disservices[J]. Environmental pollution, 159: 2078-2087.

Fassman E. 2012. Stormwater BMP treatment performance variability for sediment and heavy metals[J]. Separation and Purification Technology, 84 (1): 95-103.

Finlayson M, Cruz R D, Davidson N, et al. 2005. Millennium Ecosystem Assessment: Ecosystems and human well-being: wetlands and water synthesis[J]. Data Fusion Concepts & Ideas, 656 (1): 87-98.

Goonetilleke A, Egodawatta P, Kitchen B. 2009. Evaluation of pollutant build-up and wash-off from selected land uses at the Port of Brisbane, Australia[J]. Marine Pollution Bulletin, 58 (2): 213-221.

Grimm N B, Faeth S H, Golubiewski N E, et al. 2008. Global change and the ecology of cities[J]. Science, 319 (5864): 756-760.

Gromaire-Mertz M C, Garnaud S, Gonzalez A, et al. 1999. Characterisation of urban runoff pollution in Paris[J]. Water Science and Technology, 39 (2): 1-8.

Groot R S D, Wilson M A, Boumans R M J. 2002. A typology for the classification description and valuation of ecosystem functions, goods and services[J]. Ecological Economics, 41 (3): 393-408.

Haines-Young R, Potschin M, Kienast F. 2012. Indicators of ecosystem service potential at European scales: Mapping marginal changes and trade-offs[J]. Ecological Indicators, 21 (1): 39-53.

Hamann M, Biggs R, Reyers B. 2015. Mapping social–ecological systems: Identifying 'green-loop' and 'red-loop' dynamics based on characteristic bundles of ecosystem service use[J]. Global Environmental Change, 34 (7): 218-226.

Hossain I, Imteaz M A, Hossain M I. 2011. Application of build-up and wash-off models for an East-Australian catchment[J]. International Journal of Civil & Environmental Engineering, 3 (3): 156.

Howe C, Suich H, Vira B, et al. 2014. Creating win-wins from trade-offs? Ecosystem services for human well-being: A meta-analysis of ecosystem service trade-offs and synergies in the real world[J]. Global Environmental Change, 28 (2): 263-275.

Hu X F, Weng Q H. 2011. Estimating impervious surfaces from medium spatial resolution imagery: a comparison between fuzzy classification and LSMA[J]. International Journal of Remote Sensing, 32 (20): 5645-5663.

Hutto C J, Shelburne V B, Jones S M. 1999. Preliminary ecological land classification of the Chauga Ridges Region of South Carolina[J]. Forest Ecology and Management, 114 (2): 385-393.

Ibarra A A, Zambrano L, Valiente E L, et al. 2013. Enhancing the potential value of environmental services in urban wetlands: An agro-ecosystem approach[J]. Cities, 31 (4): 438-443.

Ignace D D, Huxman T E, Weltzin J F, et al. 2007. Leaf gas exchange and water status responses of a native and non-native grass to precipitation across contrasting soil surfaces in the Sonor an Desert [J]. Oecologia, 152 (3): 401-413.

Ileva N Y, Shibata H, Satoh F, et al. 2009. Relationship between the riverine nitrate-nitrogen concentration and the land use in the Teshio River watershed, North Japan[J]. Sustainability Science, 4 (2): 189-198.

Iowa State University. 2007. Iowa Stormwater Management Manual [M]. Iowa State: Iowa State University of Science and Technology.

Jäppinen J P, Heliölä J, Ahtiainen H, et al. 2015. Towards a Sustainable and Genuinely Green Economy. The Value and Social Significance of Ecosystem Services in Finland (TEEB for Finland). Synthesis and Roadmap[M]. Helsinki: The Finnish Ministry of Environment.

Jia H F, Lu Y W, Yu S L, et al. 2012. Planning of LID–BMPs for urban runoff control: The case of Beijing Olympic Village[J]. Separation and Purification Technology, 84 (4): 112-119.

Jim C Y, Chen S S. 2003. Comprehensive greenspace planning based on landscape ecology principles in compact Nanjing city, China[J]. Landscape and Urban Planning, 65 (3): 95-116.

Joshua W R B, Joanne F T, Edwin G. 2013. Attitudes about urban nature parks: a case study of users and nonusers in Portland, Oregon[J]. Landscape and Urban Planning, 117: 100-111.

Kaczynski A T, Koohsari M J, Stanis S A, et al. 2014. Association of street connectivity and road traffic speed with park usage and park-based physical activity[J]. American journal of health promotion: AJHP, 28 (3): 197-203.

Kaczynski A T, Koohsari M J, Wilhelm S A, et al. 2014. Association of street connectivity and road traffic speed with park usage and park-based physical activity[J]. American Journal of Health Promotion, 28 (3): 197-203.

Kim L H, Zoh K D, Jeong S M, et al. 2006. Estimating pollutant mass accumulation on highways during dry periods[J]. Journal of Environmental Engineering, 132 (9): 985-993.

Kim M H, Sung C Y, Li M H, et al. 2012. Bioretention for stormwater quality improvement in Texas: Removal effectiveness of Escherichia coli[J]. Separation and Purification Technology, 84 (5): 120-124.

Kindal A S, Stephanie T. 2010. Rural and urban park visits and park-based physical activity[J].

Preventive Medicine, 50: 13-17.

King R. 1966. Valuation of wildlife resources[J]. Regional Studies, 3 (1): 41-47.

Kong F H, Yin H W, Nakagoshi N, et al. 2010. Urban green space network development for biodiversity conservation: Identification based on graph theory and gravity modeling[J]. Landscape and Urban Planning, 95 (1): 16-27.

Kosz M. 1996. Valuing riverside wetlands: The case of the "Donau-Auen" national park[J]. Ecological Economics, 16 (2): 109-127.

Kremen C. 2005. Managing ecosystem services: what do we need to know about their ecology?[J]. Ecology Letters,8 (5): 468-479.

Kumar M, Kumar P. 2008. Valuation of the ecosystem services: A psycho-cultural perspective[J]. Ecological Economics, 64 (4): 808-819.

Kupfer J A, Franklin S B. 2000. Evaluation of an ecological land type classification system, Natchez Trace State Forest, Western Tennessee, USA[J]. Landscape and Urban Planning, 49 (3): 179-190.

Langemeyer J, Gómez-Baggethun E, Haase D, et al. 2016. Bridging the gap between ecosystem service assessments and land-use planning through Multi-Criteria Decision Analysis (MCDA) [J]. Environmental Science & Policy, 62 (8): 45-56.

Lee J G, Selvakumar A, Alvi K, et al. 2012. A watershed-scale design optimization model for stormwater best management practices[J]. Environmental Modelling & Software, 37 (3): 6-18.

Lee J H, Bang K W, Ketchum L H, et al. 2002. First flush analysis of urban storm runoff[J]. Science of The Total Environment, 293 (1): 163-175.

Lee J H, Bang K W. 2000. Characterization of urban stormwater runoff[J]. Water Research, 34 (6): 1773-1780.

Li F, Liu X S, Zhang X L, et al. 2017. Urban ecological infrastructure: An integrated network for ecosystem services and sustainable urban systems[J]. Journal of Cleaner Production, 163 (10): S12-S18.

Li F, Ye Y P, Song B W, et al. 2014. Assessing the changes in land use and ecosystem services in Changzhou municipality, Peoples' Republic of China, 1991–2006[J]. Ecological Indicators, 42 (7): 95-103.

Li F, Ye Y P, Song B W, et al. 2015. Evaluation of urban suitable ecological land based on the minimum cumulative resistance model: A case study from Changzhou, China[J]. Ecological Modelling, 318 (12): 194-203.

Li L Q, Yin C Q, He Q C, et al. 2007. First flush of storm runoff pollution from an urban catchment in China[J]. Journal of Environmental Sciences, 19 (3): 295-299.

Lin B B, Fuller R A, Bush R, et al. 2014. Opportunity or orientation? Who uses urban parks and why[J]. Plos One, 9 (1): e87422.

Linehan J, Gross M, Finn J. 1995. Greenway planning: Developing a landscape ecological network approach[J]. Landscape and Urban Planning, 33 (1): 179-193.

Liu H X, Li F, Xu L F, et al. 2017. The impact of socio-demographic, environmental, and individual factors on urban park visitation in Beijing, China[J]. Journal of Cleaner Production, 163(10): 181-188.

Liu J H, Wang H, Gao X R, et al. 2014. Review on urban hydrology[J]. Chinese Science Bulletin, 59 (36): 3581.

Liu W, Chen W P, Peng C. 2015. Influences of setting sizes and combination of green infrastructures on community's stormwater runoff reduction[J]. Ecological Modelling, 318 (12): 236-244.

Lorenz K, Lal R. 2009. Biogeochemical C and N cycles in urban soils [J]. Environment International, 35(1): 1-8.

Lu D S, Weng Q H. 2006. Use of Impervious surface in urban land-use classification[J]. Remote Sensing of Environment, 6(1-2): 146-160.

Luo H B, Li M, Xu R, et al. 2012. Pollution characteristics of urban surface runoff in a street community[J]. Sustainable Environment Research, 22 (1): 61-68.

Marco B , Alessandro G, Valentina N, et al. 2008. Ecological footprint analysis applied to a sub-national area: The case of the Province of Siena (Italy) [J]. Journal of Environmental Management, 86 (2): 354-364.

Marland G, Pielke R A, Apps M, et al. 2003. The climatic impacts of land surface change and carbon management, and the implications for climate-change mitigation policy[J]. Climate Policy, 3 (2): 149-157.

Maruani T, Amit-Cohen I. 2007. Open space planning models: A review of approaches and methods[J]. Landscape and Urban Planning, 81 (1): 1-13.

McHarg I L. 1981. Human ecological planning at Pennsylvania[J]. Landscape Planning, 8 (2): 109-120.

Merriam G. 1984. Connectivity: A fundamental ecological characteristic of landscape pattern[J]. International Association of Landscape Ecology, 1 (1): 15-19.

Mike R, Jo B. 2015. Effects of the visual exercise environments on cognitive directed attention, energy expenditure and perceived exertion[J]. International Journal of Environmental Research and Public Health, 12 (7): 7321-7336.

Millennium Ecosystem Assessment. 2005. Ecosystems and Human Well-being[M]. Washington DC: Island Press.

Moglen G E, Mccuen R H. 1990. Economic framework for flood and sediment control with detention Basin[J]. Journal of The American Water Resources Association, 26 (1): 1688-1752.

Montague T, Kjelgren R. 2004. Energy Balance of six common landscape surfaces and the influence of surface properties on gas exchange of four containerized tree species [J]. Scientia Horticulturae, 100 (1-4): 229-249.

Montgomery M R. 2008. The Urban Transformation of the Developing World[J]. Science, 319 (5864): 761-764.

Morse C C, Huryn A D, Cronan C. 2003. Impervious surface area as a predictor of the effects of urbanization on stream insect communities in Maine, U. S. A[J]. Environmental Monitoring &

Assessment, 89（1）: 95.

Mouchet M A, Lamarque P, Martín-López B, et al. 2014. An interdisciplinary methodological guide for quantifying associations between ecosystem services[J]. Global Environmental Change, 28（9）: 298-308.

Mowen A J, Payne L L, Scott D. 2005. Change and stability in park visitation constraints revisited[J]. Leisure Sciences, 27（2）: 191-204.

Mowen A, Orsega-Smith E, Payne L, et al. 2007. The role of park proximity and social support in shaping park visitation, physical activity, and perceived health among older adults[J]. Journal of Physical Activity & Health, 4（2）: 167-179.

Mueller E C, Day T A. 2005. The effect of urban ground cover on microclimate and growth and leaf gas exchange of oleander in Phoenix, Arizona [J]. Biometeorol, 49（4）: 244-255.

Muñoz-Erickson T A, Lugo A E, Quintero B. 2014. Emerging synthesis themes from the study of social-ecological systems of a tropical city[J]. Ecology and Society, 19（3）: 20-30.

Nannipieri P, Eldor P. 2009. The chemical and functional characterization of soil N and its biotic components [J]. Soil Biology & Biochemistry,41（12）: 2357-2369.

Napier F, Jefferies C, Heal KV, et al. 2009. Evidence of traffic-related pollutant control in soil-based Sustainable Urban Drainage Systems（SUDS）[J]. Water Science & Technology, 60（1）: 221-230.

Niu Z G, Zhang H Y, Wang X W, et al. 2012. Mapping wetland changes in China between 1978 and 2008[J]. Chinese Science Bulletin, 57（22）: 2813-2823.

Oberndorfer E, Lundholm J, Bass B, et al. 2007. Green roofs as urban ecosystems: Ecological structures, functions and services[J]. Bioscience, 57（10）: 823-833.

Opdam P, Steingröver E, Rooij S V. 2006. Ecological networks: A spatial concept for multi-actor planning of sustainable landscapes[J]. Landscape and Urban Planning, 75（3-4）: 322-332.

Orgeta V, Sterzo E L, Orrell M. 2013. Assessing mental well-being in family carers of people with dementia using the Warwick–Edinburgh Mental Well-Being Scale[J]. International Psychogeriatrics, 25（9）: 1443-1451.

Pandit A, Minné E A, Li F, et al. 2017. Infrastructure Ecology: An evolving paradigm for sustainable urban development[J]. Journal of Cleaner Production, 163（10）: 19-27.

Patnode C D, Lytle L A, Erickson D J,et al. 2010. The relative influence of demographic, individual, social, and environmental factors on physical activity among boys and girls[J]. International Journal Behavioral Nutrition and Physical Activity,79（7）: 79-80.

Pereira M, Segurado P, Neves N. 2011. Using spatial network structure in landscape management and planning: A case study with pond turtles[J]. Landscape and Urban Planning, 100（1-2）: 67-76.

Perez-Pedini C, Asce M, Limbrunner J F. 2005. Optimal location of infiltration-based best management practices for storm water management[J]. Journal of Water Resources Planning & Management, 131（6）: 441-448.

Peterseil J, Wrbka T, Plutzar C, et al. 2004. Evaluating the ecological sustainability of Austrian agricultural landscapes—the SINUS approach[J]. Land Use Policy, 21 (3): 307-320.

Plieninger T, Dijks S, Oteros-Rozas E, et al. 2013. Assessing, mapping, and quantifying cultural ecosystem services at community level[J]. Land Use Policy, 33 (6): 118-129.

Pretty J, Peacock J, Hine R, et al. 2007. Green exercise in the UK countryside: Effects on health and psychological well-being, and implications for policy and planning[J]. Journal of Environmental Planning & Management, 50 (2): 211-231.

Ren Y F, Wang X K, Ouang Z Y, et al. 2008. Stormwater runoff quality from different surfaces in an urban catchment in Beijing, China[J]. Water Environment Research, 80 (8): 719-724.

Sallis J F, Owen N, Fisher E B, et al. 2015. Ecological models of health behavior[J]. Health Education & Behavior, 4 (1): 465-485.

Salzman J-E, Arnold C A, Garcia R, et al. 2014. The most important current research questions in urban ecosystem services[J]. Social Science Electronic Publishing, 25 (1): 1-47.

Sanon S, Hein T, Douven W, et al. 2012. Quantifying ecosystem service trade-offs: The case of an urban floodplain in Vienna, Austria[J]. Journal of Environmental Management, 111 (11): 159-172.

Scalenghe R, Marsan F A. 2009. The anthropogenic sealing of soils in urban areas[J]. Landscape and Urban Planning, 90 (1-2): 1-10.

Scholz M, Grabowiecki P. 2007. Review of permeable pavement systems[J]. Building and Environment, 42 (11): 3830-3836.

Shackleton C M, Ruwanza S, Sanni G S. et al. 2016. Unpacking Pandora's box: Understanding and categorising ecosystem disservices for environmental management and human wellbeing[J]. Ecosystems, 19: 587-600.

Shores K A, West S T. 2010. Rural and urban park visits and park-based physical activity[J]. Preventive Medicine, 50 (1): 13-17.

Silva M, Klein C E, Mariani V C, et al. 2013. Multiobjective scatter search approach with new combination scheme applied to solve environmental/economic dispatch problem[J]. Energy, 53 (3): 14-21.

Soulis K X, Valiantzas J D. 2011. SCS-CN parameter determination using rainfall-runoff data in heterogeneous watersheds. The two-CN system approach[J]. Water Resources Management, 16 (3): 1001-1015.

Soulis K X, Valiantzas J D. 2013. Identification of the SCS-CN parameter spatial distribution using rainfall-runoff data in heterogeneous watersheds[J]. Water Resources Management, 27 (6): 1737-1749.

Steiner F, Blair J, McSherry L, et al. 2000. A watershed at a watershed: The potential for environmentally sensitive area protection in the upper San Pedro Drainage Basin (Mexico and USA)[J]. Landscape and Urban Planning, 49 (3-4): 129-148.

Syrbe R U, Walz U. 2012. Spatial indicators for the assessment of ecosystem services: Providing, benefiting and connecting areas and landscape metrics[J]. Ecological Indicators, 21 (10): 80-88.

Tao Y, Li F, Liu X S, et al. 2015a. Variation in ecosystem services across an urbanization gradient: A study of terrestrial carbon stocks from Changzhou, China[J]. Ecological

Modelling, 318（12）：210-216.

Tao Y, Li F, Wang R S, et al. 2015b. Effects of land use and cover change on terrestrial carbon stocks in urbanized areas: a study from Changzhou, China[J]. Journal of Cleaner Production, 103（9）：651-657.

Teng M J, Wu C G, Zhou Z X, et al. 2011. Multipurpose greenway planning for changing cities: A framework integrating priorities and a least-cost path model[J]. Landscape and Urban Planning, 103（1）：1-14.

Tsihrintzis V A, Hamid R. 1997. Modeling and management of urban stormwater runoff quality: A Review[J]. Water Resources Management, 11（2）：136-164.

Tsilini V, Papantoniou S, Kolokotsa D D, et al. 2015. Urban gardens as a solution to energy poverty and urban heat island[J]. Sustainable Cities and Society, 14（2）：323-333.

Tzoulas K, Korpela K, Venn S, et al. 2007. Promoting ecosystem and human health in urban areas using Green Infrastructure: A literature review[J]. Landscape and Urban Planning, 81（3）：167-178.

Ulrich R S, Simons R F, Losito B D, et al. 1991. Stress recovery during exposure to natural and urban environments[J]. Journal of Environmental Psychology, 11（3）：201-230.

United-States. Environmental Protection Agency. 1999. Preliminary Data Summary of Urban Storm Water Best Management Practices. EPA 821 R-99-012[M]. Washington DC: Office of Water.

Uy P D, Nakagoshi N. 2008. Application of land suitability analysis and landscape ecology to urban greenspace planning in Hanoi, Vietnam[J]. Urban Forestry & Urban Greening, 7（1）：25-40.

Vaz A S, Kueffer C, Kull C A, et al. 2017. Integrating ecosystem services and disservices: Insights from plant invasions[J]. Ecosystem Services 23, 94-107.

Vijayaraghavan K, Joshi U M, Balasubramanian R. 2012. A field study to evaluate runoff quality from green roofs[J]. Water Research, 46（4）：1337-1345.

Wang B, Li T. 2009. Buildup characteristics of roof pollutants in the Shanghai urban area, China[J]. Journal of Zhejiang University, 10（9）：1374-1382.

Wang H F, Qureshi S, Qureshi B A, et al. 2016. A multivariate analysis integrating ecological, socioeconomic and physical characteristics to investigate urban forest cover and plant diversity in Beijing, China[J]. Ecological Indicators, 60（6）：921-929.

Wang S Z, He Q C, Ai H N, et al. 2013. Pollutant concentrations and pollution loads in stormwater runoff from different land uses in Chongqing[J]. Journal of Environmental Sciences, 25（3）：502-510.

Weber T C, Wolf J. 2000. Maryland's Green Infrastructure-Using landscape assessment tools to identify a regional conservation strategy[J]. Environmental Monitoring & Assessment, 63（1）：265-277.

Weber T, Sloan A, Wolf J. 2006. Maryland's Green Infrastructure Assessment: Development of a comprehensive approach to land conservation[J]. Landscape and Urban Planning, 77（1-2）：

94-110.

Wiegand J,Schott B. 1999. The sealing of soils and its effect on soil-gas migration[J]. Il Nuovo Cimento C , 22 (3) : 449-455.

Yang J, McBride J, Zhou J X, et al. 2005. The urban forest in Beijing and its role in air pollution reduction[J]. Urban Forestry & Urban Greening, 3 (2) : 65-78.

Yin K, Zhao Q J, Li X Q, et al. 2010. A new carbon and oxygen balance model based on ecological service of urban vegetation[J]. Chinese Geographical Science, 20 (2) : 48-55.

Yu K J. 1995. Ecological security patterns in landscapes and GIS application[J]. Geographic Information Sciences, 1 (2) : 88-102.

Yu K J. 1996. Security patterns and surface model in landscape ecological planning[J]. Landscape and Urban Planning, 36 (1) : 1-17.

Zare S, Saghafian B, Shamsai A. 2012. Multi-objective optimization for combined quality–quantity urban runoff control[J]. Hydrology and Earth System Sciences, 16 (12) : 4531-4542.

Zetterberg A, Mörtberg U M, Balfors B. 2010. Making graph theory operational for landscape ecological assessments, planning, and design[J]. Landscape and Urban Planning, 95 (4) : 181-191.

Zhang G S, Hamlett J M, Reed P, et al. 2013. Multi-objective optimization of low impact development designs in an urbanizing watershed[J]. Open Journal of Optimization, 2 (4) : 95-108.

Zhang J J, Fu M C, Tao J, et al. 2010. Response of ecological storage and conservation to land use transformation: A case study of a mining town in China[J]. Ecological Modelling, 221 (10) : 1427-1439.

Zhang L X, Liu Q, Hall N W, et al. 2007. An environmental accounting framework applied to green space ecosystem planning for small towns in China as a case study[J]. Ecological Economics, 60 (3) : 533-542.

Zhen X J, Yu S L, Lin J Y. 2004. Optimal location and sizing of stormwater basins at watershed scale[J]. Journal of Water Resources Planning & Management, 130 (4) : 339-347.

Zheng W, Shi H H, Chen S, et al. 2009. Benefit and cost analysis of mariculture based on ecosystem services[J]. Ecological Economics, 68 (6) : 1626-1632.

Zhou Y, Shi T M, Hu Y M, et al. 2011. Urban green space planning based on computational fluid dynamics model and landscape ecology principle: A case study of Liaoyang City, Northeast China[J]. Chinese Geographical Science, 21 (4) : 465-475.

城
市
生
态
基
础
设
施
评
估
与
管
理